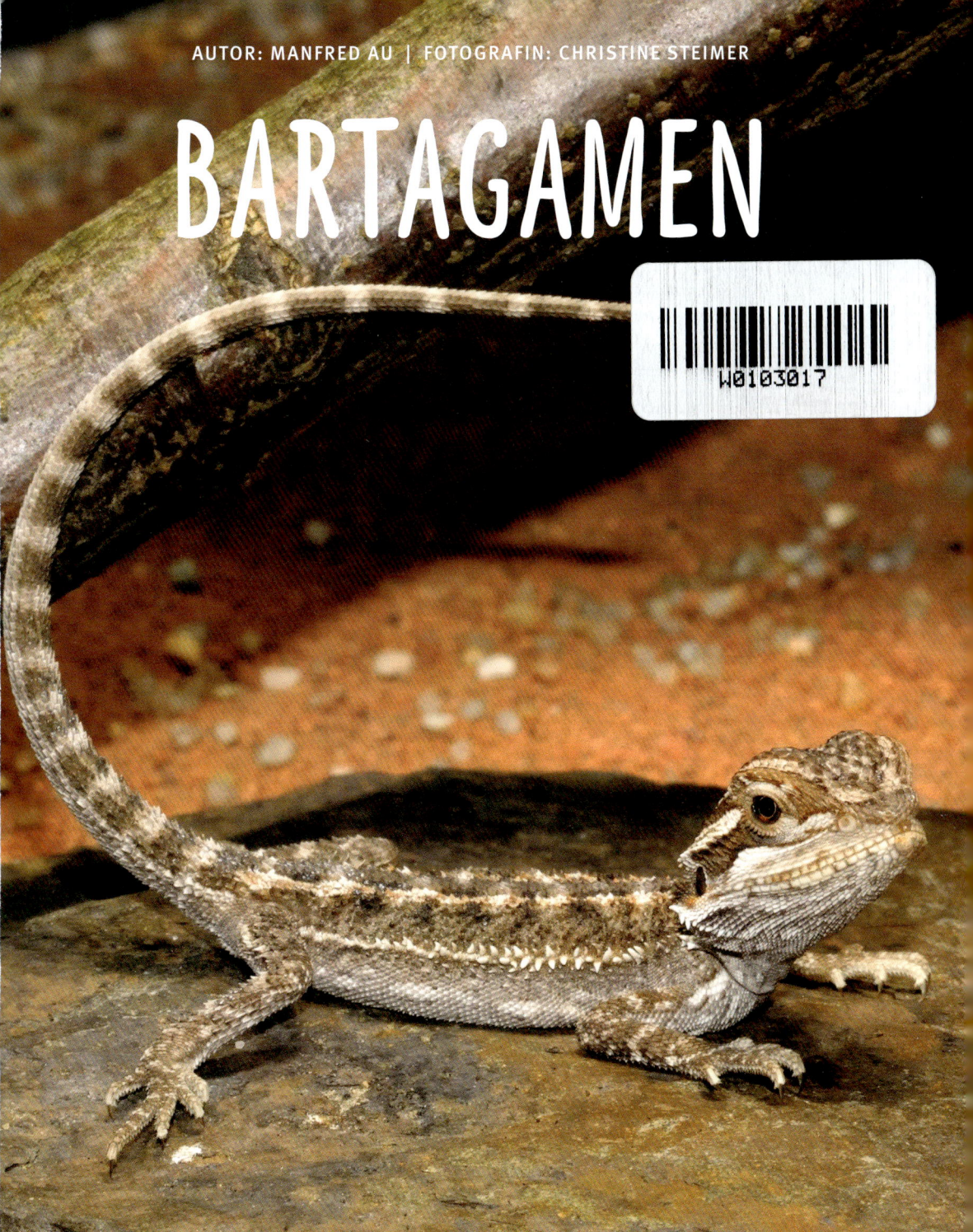

INHALT

4 TYPISCH BARTAGAMEN

- 5 Zutraulich und anpassungsfähig
- 6 Überlebenskünstler im australischen Outback
- 7 Daran kann man Echsen erkennen
- 8 Bartagamen sind Einzelgänger
- 9 Die wichtigsten Verhaltensweisen
- 10 **Auf einen Blick:** Anatomie und Sinne
- 13 Ernährung, Pflege und Kosten
- 13 **Experten-Tipp:** Tiere stressfrei transportieren
- 14 Verbreitung und Beschreibung der Arten
- 15 Gewöhnliche Bartagame *(P. vitticeps)*
- 15 Lawsons Bartagame *(P. henrylawson)*
- 16 Östliche Bartagame *(P. barbata)*
- 16 Nullarbor Bartagame *(P. nullarbor)*
- 16 Mitchells Bartagame *(P. mitchelli)*
- 17 Zwergbartagame *(P. minor)*
- 17 Gewöhnliche Bartagame (Farbvarianten)

18 DAS WOHLFÜHLHEIM

- 19 Ein Zuhause nach Maß
- 20 Darauf müssen Sie achten
- 21 Der richtige Standort
- 22 Grundausstattung
- 23 Steine und Wurzeln
- 23 **Experten-Tipp:** Schön und artgerecht wohnen
- 24 **Auf einen Blick:** Das Bartagamen-Terrarium
- 26 Terrarientechnik
- 26 Beleuchtung
- 27 Wärmequellen
- 28 Wichtiges und sinnvolles Zubehör
- 29 Aufzuchtbecken
- 29 Quarantänestation

30 KAUF UND HALTUNG

- 31 Wenn Echsen ins Haus kommen
- 32 Auswahl und Kauf
- 34 Das ist beim Kauf wichtig
- 35 Einzug ins Terrarium
- 36 Das A und O der artgerechten Haltung
- 36 Solo oder Gruppe?
- 37 **Experten-Tipp:** Vertrauen gewinnen
- 38 Klima und Licht
- 39 **Tut gut – Besser nicht**
- 40 Bartagamen züchten
- 40 Geschlechtsunterschiede
- 40 Voraussetzungen für die Zucht
- 41 Werbung und Paarung
- 42 Ausbrüten und Aufzucht

44 FIT UND GESUND

- 45 Futterplan und Gesundheitscheck
- 45 Krankheiten früh erkennen
- 46 Die Grundlagen der Ernährung
- 48 Spezialkost
- 48 Tipp: Fütterungsfehler vermeiden
- 50 Regelmäßige Pflegemaßnahmen
- 51 **Experten-Tipp:** Die wichtigsten Fütterungsregeln
- 52 Winterruhe
- 54 So bleiben Ihre Tiere gesund
- 56 Wenn Bartagamen krank werden
- 57 Tabelle: Häufige Krankheiten und Verletzungen
- 59 Kontrolle auf Parasiten

EXTRAS

- 60 Register, Service
- 64 Impressum, GU-Leserservice

Umschlagklappen:
Verhaltensdolmetscher
SOS – was tun?
5 interessante Infos auf einen Blick

DIE GU-QUALITÄTS-GARANTIE

Wir möchten Ihnen mit den Informationen und Anregungen in diesem Buch das Leben erleichtern und Sie inspirieren, Neues auszuprobieren. Bei jedem unserer Produkte achten wir auf Aktualität und stellen höchste Ansprüche an Inhalt, Optik und Ausstattung. Alle Informationen werden von unseren Autoren und unserer Fachredaktion sorgfältig ausgewählt und mehrfach geprüft. Deshalb bieten wir Ihnen eine 100 %ige Qualitätsgarantie.

Darauf können Sie sich verlassen:
Wir legen Wert auf artgerechte Tierhaltung und stellen das Wohl des Tieres an erste Stelle. Wir garantieren, dass:
- alle Anleitungen und Tipps von Experten in der Praxis geprüft und
- durch klar verständliche Texte und Illustrationen einfach umsetzbar sind.

Wir möchten für Sie immer besser werden:
Sollten wir mit diesem Buch Ihre Erwartungen nicht erfüllen, lassen Sie es uns bitte wissen! Wir tauschen Ihr Buch jederzeit gegen ein gleichwertiges zum gleichen oder ähnlichen Thema um. Nehmen Sie einfach Kontakt zu unserem Leserservice auf. Die Kontaktdaten unseres Leserservice finden Sie am Ende dieses Buches.

GRÄFE UND UNZER VERLAG
Der erste Ratgeberverlag – seit 1722.

TYPISCH BARTAGAMEN

Für die steigende Beliebtheit von Bartagamen gibt es gute Gründe: ihre erstaunliche Zutraulichkeit, ihr faszinierendes Verhalten, das bizarre Äußere – und nicht zuletzt ihre Anpassungsfähigkeit.

Zutraulich und anpassungsfähig

Im Gegensatz zu vielen anderen Echsen werden Bartagamen sehr zutraulich, oft sogar richtig zahm. Sie lassen sich anfassen und auf die Hand nehmen, und nicht wenige scheinen diesen Kontakt mit dem Menschen zu genießen. Dabei haben sie sich ihr ursprüngliches Verhalten bewahrt und erlauben dem Halter außergewöhnliche und fesselnde Beobachtungen, die selbst erfahrene Terrarianer auch nach Jahren noch in Erstaunen versetzen.

Auch für Anfänger geeignet

Bartagamen sind in den Trockengebieten Australiens zu Hause und haben sich in Körperbau, Physiologie und im Verhalten perfekt an ihren unwirtlichen Lebensraum angepasst. Diese außergewöhnliche Anpassungsfähigkeit macht sie zu idealen Terrarienbewohnern, die selbst Anfänger in der Terraristik nicht vor unlösbare Probleme stellt.

Als Heimtiere immer beliebter

Von allen Bartagamen spielen *Pogona vitticeps* und *Pogona henrylawsoni* in der Terraristik die wichtigste Rolle: Beide Arten werden seit über 25 Jahren gehalten und gezüchtet. Im Laufe der Jahre hat man von *Pogona vitticeps* immer spektakulärere Farben herangezogen. Der Beliebtheit der unscheinbarer gefärbten ursprünglichen Form hat das aber keinen Abbruch getan, sie gehört heute zu den am häufigsten gehaltenen Reptilien überhaupt. Natürlich stellen auch Bartagamen Ansprüche an die Haltung, an die Ausstattung des Terrariums, an Klima und Ernährung. Und man sollte ihre Verhaltensweisen kennen, um »Unglücksfälle« von vornherein zu verhindern. Denn so zutraulich und friedfertig sie sich ihrem Pfleger gegenüber zeigen, so ruppig und abweisend gehen Bartagamen manchmal miteinander um.

Überlebenskünstler im australischen Outback

Bartagamen leben ausschließlich in den Halbwüsten, Steppen und Trockenwäldern Australiens, die den größten Teil des Kontinents einnehmen. Sie fehlen im feuchten Norden, im äußersten Südosten und Südwesten sowie auf Tasmanien.

Mit Bart und Tarnkleid

Die Echsen der Gattung *Pogona* sind eine sehr erfolgreiche Reptiliengruppe, die hervorragend an extreme Hitze und Trockenheit angepasst ist.

Nur echt mit Bart Kennzeichen aller *Pogona* ist die stachelbewehrte Kehle, die mit Hilfe des Zungenbeinapparates zu einem Fächer aufgestellt werden kann. Der »Bart« dient der Abschreckung, weil er den Kopf der Agame viel größer erscheinen lässt.

Dicke Haut Die Haut der Bartagamen ist außerordentlich dick und robust und schützt sowohl vor UV-Strahlung als auch vor Verletzungen.

Wärmeausgleich In der oft empfindlichen Morgenkühle des australischen Outbacks müssen sich

Diese Gewöhnliche Bartagame *(Pogona vitticeps)* hat sich auf einen verrotteten Baum geflüchtet und droht den Fotografen an.

die Agamen in der Sonne aufwärmen. Sie zeigen dabei eine tiefdunkle Färbung, die dafür sorgt, dass die Sonnenwärme besser aufgenommen und die ideale Körpertemperatur schneller erreicht wird. Droht hingegen Überhitzung, wechselt die Farbe zu hellen, fast leuchtenden Tönen, die einen Teil der Sonnenstrahlen reflektieren.

Fast unsichtbar Die grauen, beigen und braunroten Grundfarben und die Konturen auflösende Körperzeichnung der Bartagame sind eine ausgezeichnete Tarnung in einer Umwelt, in der gedeckte Rot-, Braun- und Grautöne dominieren. Nähert sich ein Feind, vertraut die Agame meist auf ihr Tarnkleid und verharrt regungslos. Es ist daher selbst für Kenner des Lebensraums oft nicht einfach, eine Bartagame zu entdecken.

Abwehrdrohen Erst wenn die Bartagame entdeckt wird und keine Chance zur Flucht sieht, stellt sie sich dem Feind und versucht ihn einzuschüchtern: Sie färbt sich schwarz, plattet ihren Körper stark ab, macht Front zum Angreifer, stellt den namensgebenden Kehlbart weit ab (→ Seite 9) und reißt das Maul drohend auf. Sie wirkt so größer und wehrhafter und auch die jetzt gut sichtbare Bestachelung verfehlt bei den Angreifern ihre Wirkung nicht.

Kein Problem mit großer Beute

In den Trockengebieten Australiens ist die Nahrungssuche mühsam. Wer hier überleben will, darf nicht wählerisch sein. Bartagamen fressen daher fast alles, was der karge Lebensraum ihnen bietet.

Großes Maul Hauptbestandteil der Nahrung bilden Insekten und Pflanzen. Aber auch andere Reptilien und sogar kleinere Artgenossen kann eine Bartagame überwältigen. In das große Maul passen selbst sehr große Beutetiere, zum Beispiel Echsen, die mehr als die Hälfte der eigenen Körperlänge

Daran kann man **Echsen erkennen**

DIE WICHTIGSTEN MERKMALE

Bartagamen sind Echsen. In der Tierklasse der Reptilien, zu der auch die Krokodile und Schildkröten gehören, bilden sie gemeinsam mit den Schlangen die Ordnung der Schuppenkriechtiere. Zu den Merkmalen einer Echse zählen:

BEINE	Bei einigen Echsengruppen sind die Beine ähnlich wie die der Schlangen zurückgebildet.
SCHWANZ	Dient als Ruder beim Laufen, als Greifwerkzeug beim Klettern, als Waffe und Fettspeicher.
SCHUPPEN-KLEID	Die äußere Hautschicht besteht aus Keratin und ist abgestorben. Sie schützt vor Verletzung und verhindert Flüssigkeitsverlust.
HÄUTUNG	Die alte Haut wird abgestreift und durch eine neue ersetzt.
WECHSEL-WARM	Alle Echsen sind wechselwarm und können ihre Körperwärme nicht selbstständig regulieren (Poikilothermie). Um die notwendige Körpertemperatur zu erreichen, müssen sie Energie von außen aufnehmen, z. B. in Form von Sonnenwärme.
EIER LEGEN	Echsen legen Eier. Einige Schuppenkriechtiere bringen fertige Junge zur Welt, aber auch bei ihnen vollzieht sich die Entwicklung in einer Eihülle, die jedoch beim Legevorgang sofort aufplatzt (im Ei lebend gebärend: Ovoviviparie).

messen – ein Punkt, der auch bei der Haltung im Terrarium berücksichtigt werden muss.

An Hungerzeiten gewöhnt Alle Bartagamen sind schnelle und geschickte Jäger, die ihre Beute hauptsächlich optisch erkennen. Wie die meisten Reptilien überstehen sie Trockenzeiten und Hungerphasen problemlos. Wird das Futterangebot während des australischen Winters noch knapper als sonst, halten die Agamen eine Winterruhe, um erst im Frühling wieder aktiv zu werden, wenn es besonders viele Insekten und frisches Grün gibt.

Viele Feinde Obwohl Bartagamen in den lebensfeindlichen Trockengebieten Australiens zu Hause sind, müssen sie vor einer Vielzahl von Feinden auf der Hut sein. Dazu gehören Großwarane, Schlangen und Greifvögel und nicht zuletzt au ch die größeren Exemplare aus der eigenen Verwandtschaft.

Bartagamen sind Einzelgänger

Bartagamen leben in der Natur einzelgängerisch und verteidigen ihr Revier aggressiv – ein Verhalten, das durch das geringe Futterangebot geprägt wird. Dringt ein fremder Artgenosse in das Revier ein, entbrennt bei gleich großen Rivalen ein erbitterter Kampf. Lediglich zur Paarungszeit im Frühjahr suchen sie aktiv einen Partner. Einige Wochen nach der Paarung vergräbt das Weibchen sein Gelege an einer feuchten Stelle, betreibt aber keine weitere Brutfürsorge. Die Jungen sorgen sofort nach dem Schlupf für sich selbst und erweisen sich bereits als gute Jäger. Als weitere Anpassung an ihren Lebensraum werden sie bei reichhaltigem Futterangebot sehr schnell groß und sind schon mit einem Jahr fast ausgewachsen und geschlechtsreif. Einige *Pogona*-Arten sind zu Kulturfolgern geworden, die man sogar in den Städten antreffen kann, nicht selten beim Sonnen auf Straßen und Zaunpfählen.

In ihrem natürlichen Lebensraum sind Bartagamen hervorragend getarnt. Das Foto zeigt eine Gewöhnliche Bartagame.

Bartagamen auf einen Blick

BART Mit Hilfe des Zungenbeinapparates stellen Bartagamen ihre Kehle zu einem Fächer auf. Die einem Bart ähnelnde stachelbesetzte Kehle hat auch zum deutschen und wissenschaftlichen Namen (griechisch Pogon = Bart) geführt.

STACHELN UND SCHUPPEN Die *Pogona*-Arten besitzen robuste, gekielte und teilweise stachelige Schuppen. Kräftige Stacheln finden sich besonders am Kopf, im Nacken und an den Seiten. Ihre Anordnung ist ein Unterscheidungsmerkmal der Arten.

LEBENSWEISE Bartagamen sind tagaktiv und außerordentlich schnelle und gewandte Jäger. Sie ernähren sich sowohl von tierischer als auch pflanzlicher Nahrung.

Die wichtigsten Verhaltensweisen

Bartagamen leben solitär. Verhaltensweisen zur Einschüchterung und Abwehr von Artgenossen und Feinden spielen bei ihnen eine zentrale Rolle.

Verteidigung des Reviers

Die einzelgängerischen Tiere verteidigen ihren Eigenbereich unnachgiebig. Der Revierinhaber überwacht seinen Lebensraum meist von erhöhter Warte und unterstreicht die Besitzansprüche mit der kräftigen Färbung seines Körpers, einer hoch aufgerichteten Haltung und der nach oben zeigenden Schwanzspitze.

Droh- und Kampfverhalten

Bartagamen verständigen sich durch die Körpersprache. Ein dominantes Tier signalisiert einem Artgenossen durch mehrfaches schnelles Kopfnicken seine Vormachtstellung. Antwortet der andere auf gleiche Weise, kommt es nicht selten zum Kampf: Beide umkreisen sich mit abgeflachtem Körper, gespreiztem Bart und drohend geöffnetem Maul und versuchen, sich mit peitschenden Schwanzschlägen einzuschüchtern. Hat das keinen Erfolg, beißen sich die Kämpfer vorzugsweise in die Nackenstacheln und drücken den Kontrahenten zu Boden. Ernsthafte Verletzungen sind in freier Natur selten; im Terrarium, wo es für den Unterlegenen keine Fluchtmöglichkeit gibt, kann es aber sehr schnell zu bösen Blessuren kommen.

Aufwärmen

Bartagamen sind tagaktiv und suchen regelmäßig ihre bevorzugten Sonnenplätze auf, um sich aufzuwärmen. Bei Kälte läuft der Organismus auf Sparflamme und die Tiere sind fast wehrlos. Wie alle Echsen können sie nicht schwitzen, sondern nur mit offenem Maul hecheln, um sich Abkühlung zu verschaffen. Zum Schutz vor Überhitzung ziehen sie sich in Höhlen oder an schattige Plätze zurück.

Diese *P. vitticeps* hat keine Fluchtmöglichkeit mehr. Sie versucht ihren Gegner einzuschüchtern, indem sie sich größer macht und ihren Bart aufstellt.

Anatomie und Sinne

Schwanz
Rundlich und etwas länger als der Körper. Der Schwanz stabilisiert die Laufbewegung, dient im Sitzen als Stütze und wird als Schlagwaffe zur Verteidigung eingesetzt. Darüber hinaus ist er auch ein wichtiger Fettspeicher.

Ohren
Der Gehörsinn spielt nur eine untergeordnete Rolle. Die ovale Ohröffnung ist leicht zu erkennen; wie allen Echsen fehlt den Bartagamen ein äußeres Ohr.
TROMMELFELL Das dünne Häutchen liegt etwas tiefer im Ohr und ist gut zu sehen.

Maul
Sehr groß, kann weit aufgesperrt werden und ermöglicht der Bartagame, selbst große Beutetiere in einem Stück zu verschlingen. Hecheln mit geöffnetem Maul sorgt für etwas Kühlung.
ZÄHNE Die kräftigen Zähne stehen eng nebeneinander. Bei Verlust können die Frontzähne ersetzt werden.

Kehlbart
Bartagamen können ihre stachelbesetzte Kehle mit Hilfe des Zungenbeinapparates weit aufstellen. Diese Fähigkeit ist bei den verschiedenen Arten unterschiedlich ausgeprägt und dient der Verteidigung. Der Kopf erscheint dadurch sehr viel größer und die Agame wirkt wehrhafter und furchteinflößender.

Anatomie und Sinne

Auge
Der Sehsinn spielt die zentrale Rolle. Die Augen sitzen seitlich am Kopf, die Nickhaut hat Schutzfunktion. Bartagamen können Farben erkennen.
PARIETALAUGE Drittes Auge auf dem Schädeldach, nimmt Hell und Dunkel wahr.

Haut
Dick und robust, verhindert Flüssigkeitsverlust und schützt vor Verletzungen und UV-Strahlung.
STACHELN Kräftige Stacheln an Kopf, Nacken und Flanken. Zur Abschreckung und zum Schutz vor Fressfeinden.
FÄRBUNG Hell-Dunkel-Wechsel zum Temperaturausgleich und bei Erregung.

Beine und Krallen
BEINE Kräftig und muskulös. Sie erlauben den Echsen schnelles Beschleunigen und hohe Laufgeschwindigkeiten, allerdings nur über eine sehr kurze Strecke.
KRALLEN Wichtig beim Graben in harter Erde und beim Klettern.

Passen Bartagamen zu mir?

Bartagamen werden bis zu einem halben Meter lang, haben spezielle Futteransprüche und können ein Lebensalter von zehn Jahren erreichen. Lassen Sie sich daher bitte nicht vom niedlichen Aussehen junger Bartagamen und dem günstigen Anschaffungspreis zu einem Spontankauf verleiten.

Große Terrarien für große Tiere

Betrachtet man ein winziges, nur etwas mehr als fingerlanges Jungtier von *Pogona vitticeps*, kann man sich kaum vorstellen, dass es sich in weniger als einem Jahr zu einer stattlichen, fast 50 cm großen Echse entwickeln wird. Sobald die Jungtiere dem kleinen Aufzuchtterrarium entwachsen sind, müssen sie in ein größeres Becken umziehen. *Pogona* zeigen ihr faszinierendes Verhalten nur dann, wenn ihnen genügend Platz zur Verfügung steht. Denn obwohl sie meist viele Stunden auf ihrem Sonnenplatz liegen, können Bartagamen sehr aktiv sein. Für ein Pärchen *Pogona vitticeps* stellt

Die Pflege von Bartagamen gestaltet sich nicht sehr aufwändig, setzt allerdings eine genaue Kenntnis der Haltungsbedingungen voraus.

ein Becken mit 160 × 80 × 80 cm (Länge × Breite × Höhe) das Minimum dar, besser sind jedoch 200 × 80 × 80 cm. Für die kleinere *Pogona henrylawsoni* sollte man mindestens 120 × 60 × 60 cm einplanen.

Partnerschaft für viele Jahre

Bartagamen können über zehn Jahre alt werden. Das sollten Sie vor dem Kauf berücksichtigen. Muss man später die Haltung aufgeben, ist es meist schwierig, einen Interessenten für die erwachsenen Tiere zu finden. Ausgewachsene Bartagamen lassen sich allein schon aus Platzgründen kaum in eine fremde Gruppe eingliedern.

Ernährung, Pflege und Kosten

Lebendfutter Ein Großteil der Nahrung besteht aus lebenden Insekten wie Heimchen und Grillen (→ Seite 46). Wer sich vor den Tieren ekelt, sollte keine Agamen halten. Man muss damit rechnen, dass ab und zu ein Futtertier in einer Zimmerecke verschwindet und laut zirpend die Nachtruhe stört.

Kosten *Pogona* sind Exoten, die spezielle Ansprüche an die Temperatur- und Lichtverhältnisse stellen (→ Seite 26). Der finanzielle Aufwand für Grundausrüstung (Terrarium, Einrichtung, Technik) und Unterhalt (Strom, Futter, eventuell Versorgung durch den Tierarzt) ist nicht unerheblich.

Urlaub Im Winter ist Urlaub kein Problem, wenn man ihn in die Zeit der Winterruhe der Agamen (→ Seite 52) legt. Im Sommer kann man die Tiere unbesorgt drei bis vier Tage alleine lassen, da *Pogona* auch in der Natur Zeiten ohne Nahrung kennen. Die Futterpause bekommt ihnen sogar gut, da sie im Terrarium meist zu reichlich gefüttert werden. Wenn Sie längere Zeit unterwegs sind, müssen die Bartagamen zweimal wöchentlich versorgt werden.

Tiere stressfrei **transportieren**

TIPPS VOM AGAMEN-EXPERTEN
Manfred Au

EINZELREISE Bartagamen werden einzeln verpackt, damit sie sich nicht gegenseitig aufregen.

DUNKELKAMMER Jede Echse kommt in einen Kunststoffbehälter, der so groß ist, dass sie sich noch bewegen kann. Der Behälter wird in eine Styroporbox gesetzt, in der das Tier vor Kälte und Hitze geschützt ist und im Dunkeln sitzt. In der Dunkelheit beruhigt sich die Agame schnell.

WASSER Zum Transport im Winter kann man eine Wärmflasche oder eine Trinkflasche mit warmem Wasser, im Sommer mit kaltem Wasser in die Styroporbox legen.

RISIKO AUTO Weder im Sommer noch im Winter darf man Reptilien ungeschützt im Auto zurücklassen. Ein Hitzekollaps oder Erfrierungen können die Folgen sein.

KEIN POSTVERSAND Der Versand von Wirbeltieren mit der normalen Paketpost ist verboten. Das gilt auch für alle Reptilien.

SELBST ABHOLEN Lassen Sie sich Tiere nie zuschicken, sondern holen Sie sie immer selbst ab.

Verbreitung und Beschreibung der Arten

Bartagamen sind nahezu über den gesamten australischen Kontinent verbreitet. Sie fehlen nur im feuchten tropischen Norden, im Südwesten und Südosten und auf Tasmanien. Ist der Fundort bekannt, kann oft schon mit seiner Hilfe eine sichere Artbestimmung erfolgen.

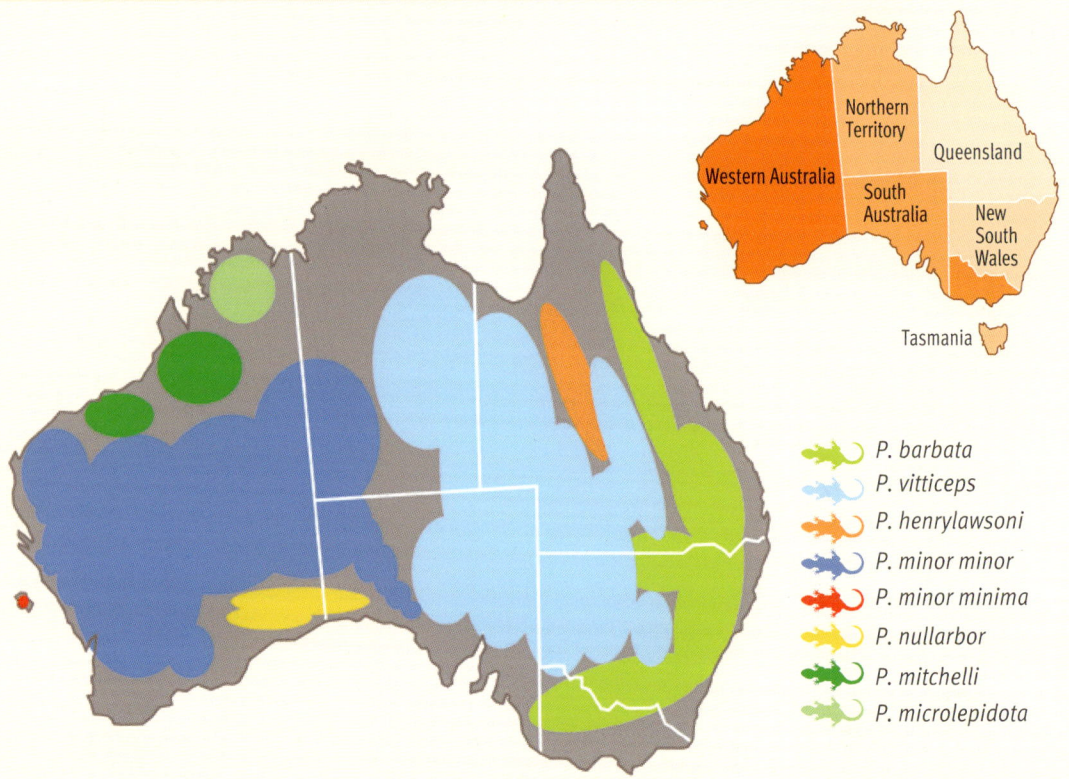

Zur Gattung *Pogona* gehören sieben Arten: *P. barbata, P. henrylawsoni, P. microlepidota, P. minor, P. mitchelli, P. nullarbor, P. vitticeps*. Für *Pogona minor* werden zwei Unterarten beschrieben: *P. minor minor* und *P. minor minima*.

Pogona vitticeps
Gewöhnliche Bartagame

Verbreitung Mitte, Westen und Süden von Queensland; zentrales und östliches Northern Territory; Mitte und Westen von New South Wales; Mitte, Norden und Osten von South Australia. **Größe** Kopfrumpflänge bis 27 cm, gesamt bis 55, max. 60 cm. **Beschreibung** Groß, breit und massig mit sehr gut entwickeltem und bestacheltem Bart; starke Stacheln an Kopf, Nacken und den Flanken. Variable Färbung: Es gibt braune, beige, gelbe und rote *Pogona vitticeps*. Die Körperzeichnung ist bei den ausgewachsenen Tieren nur schwach ausgeprägt. Schwanz kurz und kräftig, leicht gebändert. **Lebensraum** Trockenes Innere des östlichen Australiens, vornehmlich Gras- und Strauchsavanne, aber auch lichte Wälder. **Haltung im Terrarium** Von allen Arten ist *P. vitticeps* am besten geeignet: Die Tiere werden schnell zutraulich und sind untereinander weniger aggressiv als die anderen Arten.

Pogona henrylawsoni
Lawsons Bartagame

Verbreitung Zentrales und westliches Queensland. **Größe** Kopfrumpflänge 13 cm, gesamt bis ca. 30 cm. **Beschreibung** Klein, gedrungener Körper mit großem Kopf. Weibchen größer als Männchen. Bart kaum ausgebildet, Bestachelung mittel, braungrüner bis beigefarbener Rücken, zum Teil auch Tiere mit rötlichen Beinen und Flanken. Häufig mit Fleckenzeichnung beiderseits der Wirbelsäule. Schwanz kaum bis normal gebändert. **Lebensraum** Trockenes Gras- und Buschland. Flüchtet bei Gefahr in Erdhöhlen. **Haltung im Terrarium** Zweithäufigst gehaltene Art, wird nicht ganz so zutraulich wie *Pogona vitticeps*. Da die Tiere sich oft untereinander nicht vertragen, müssen sie dann einzeln gehalten werden. Trotz der geringen Körpergröße ist ein großes Terrarium wichtig, damit sich die Agamen aus dem Weg gehen können.

Pogona barbata
Östliche Bartagame

Verbreitung Küste Ostaustraliens bis mehrere 100 km landeinwärts, an der Südwestküste von South Australia und im Zentrum von Victoria. **Größe** Kopfrumpf über 25 cm, gesamt bis 60, selten 75 cm. **Beschreibung** Groß und schlank, Bart und Stacheln gut entwickelt. Grauer Rücken mit heller Rautenzeichnung an der Wirbelsäule. Schwanzspitze und Kehle dunkelgrau bis schwarz. Exemplare von bestimmten Fundorten können Kopf und Flanken leuchtend gelb färben. Wird nur selten gehalten.

Pogona nullarbor
Nullarbor Bartagame

Verbreitung Nullarbor-Ebene im südöstlichen Western Australia und im südwestlichen South Australia. **Größe** Kopfrumpf 15 cm, gesamt über 30 cm. **Beschreibung** Gut bestachelte Art mit einem mäßig entwickelten Bart. Rücken grau bis rötlich braun gefärbt, manchmal sehr kontrastreich und farbig; helle Querbänder. Schwanz stark gebändert. Kehle mit drei bis vier hellen, unregelmäßig geformten Bändern. *Pogona nullarbor* wird nicht in Terrarien gehalten.

Pogona mitchelli
Mitchells Bartagame

Verbreitung Nordwestküste von Western Australia. **Größe** Kopfrumpf bis 18 cm, gesamt bis 37 cm. **Beschreibung** *Pogona mitchelli* besitzt einen nur schwach ausgebildeten Bart ohne Stacheln, jedoch eine leichte Bestachelung am Kopf, im Nacken und an den Flanken. Rücken beige bis ocker gefärbt, die Zeichnung ist nicht besonders kontrastreich. Mitchells Bartagame wird nur sehr selten in Terrarien gehalten.

Pogona minor
Zwergbartagame

Verbreitung Westen, Südwesten und Mitte von Western Australia, südliches Southern Australia. **Größe** Kopfrumpf 15 cm, gesamt bis 40 cm. **Beschreibung** Variable Art mit mittellangen Stacheln und schwach entwickeltem Bart ohne Stachelschuppen. Rücken graubraun mit beigen Flecken entlang der Wirbelsäule. Je ein dunkler Fleck rechts und links der Schulter. Wird nicht in Terrarien gehalten. **Unterart** Die Abgrenzung von *P. minor minima* als Unterart der Nominatform *P. minor* ist umstritten.

Pogona vitticeps
Gewöhnliche Bartagame

Farbvariante Die Gewöhnliche Bartagame wird von allen Agamenarten am häufigsten nachgezogen. Dabei treten gelegentlich Farbmutationen auf. Dieses halbwüchsige Tier ist überwiegend einheitlich schwarz gefärbt und hat dunkle Augen. Einige kleinere Körperpartien sind völlig frei von Farbpigmenten. Im Gelege, aus dem diese Agame stammt, befanden sich mehrere Jungtiere mit der gleichen Färbung.

Pogona vitticeps
Gewöhnliche Bartagame

Farbvariante In den letzten Jahren haben sich zunehmend mehr Agamenzüchter der Zucht von neuen Farbvarianten verschrieben. Heute gibt es von *Pogona vitticeps* eine Vielzahl bemerkenswert schöner Färbungen. Für die zum Teil noch sehr seltenen Farbvarianten bezahlen Liebhaber nicht selten stattliche Preise. Diese hat einen roten Bart und verstärkt rote Farbpigmente auf dem Rücken.

DAS WOHLFÜHLHEIM

Die Haltung exotischer Tiere aus tropischen Regionen muss ihren speziellen Ansprüchen gerecht werden. Das gilt für Unterbringung und Einrichtung ebenso wie für Mikroklima und Ernährung.

Ein Zuhause nach Maß

Alle Bartagamen-Arten sind in Australien zu Hause (→ Verbreitung und Beschreibung der Arten, Seite 14–17) und haben sich in Körperbau, Physiologie und Verhalten ihrem heißen und trockenen Lebensraum angepasst.

Terrarium mit großer Grundfläche

Bartagamen sind in erster Linie bodenbewohnende Echsen und mit ihrem abgeflachtem Körper auch speziell für diese Lebensweise ausgestattet. Obwohl die meisten Arten ausgezeichnet klettern können, halten sich die Tiere höchstens im unteren Bereich der Bäume und dort vorzugsweise auf dickeren Stämmen auf. Ein für Agamen geeignetes Terrarium muss daher eine möglichst große Grundfläche besitzen. Die genauen Abmessungen sind abhängig von Art und Größe der Bartagamen und der Anzahl der Terrarienbewohner.

Vor allem trocken und warm

Bartagamen fühlen sich erst bei einer Umgebungstemperatur von mindestens 25–28 °C wohl. Ebenso wichtig sind geringe Luftfeuchtigkeit (am Tag 40 %), gute Belüftung und ein helles Terrarium.

Sichere Fütterung

Agamen ernähren sich überwiegend von lebenden Insekten, die sie nach kurzem Anschleichen im schnellen Sprung erbeuten. Im Terrarium kann man die Beutetiere ausbruchsicher verfüttern und das Jagdverhalten gut beobachten.

Mini-Terrarium für den Nachwuchs

Für die Aufzucht von Jungtieren benötigt man ein eigenes, kleineres Terrarium. Junge Agamen sind noch ungeschickte Jäger und würden im großen Becken nicht genug Futter erwischen.

Darauf müssen Sie beim Terrarium achten

Die Wahl des Terrariums richtet sich nach Art und Anzahl der Tiere, die Sie halten wollen. Für die Aufzucht von Jungtieren gelten besondere Kriterien. Unabhängig davon, ob Sie ein Fertigmodell kaufen oder das Domizil für Ihre Echsen selbst bauen, muss das Terrarium die Grundbedürfnisse der Tiere erfüllen. Dazu gehören eine große Bodenfläche, eine ausreichende Beleuchtung und wirkungsvolle Belüftung sowie unterschiedliche Wärmezonen. Aufstellen sollten Sie das Terrarium dort, wo man die Tiere bequem beobachten kann.

Bartagamen brauchen frische Luft

Ein zentraler Punkt für die Agamenunterkunft ist die effektive Belüftung. Um sie zu gewährleisten, sollte die Abdeckung des Beckens mindestens zur Hälfte aus Drahtgaze bestehen. Leider besitzen die meisten Fertigmodelle nur schmale Lüftungsgitter und sind daher nicht geeignet. Das Beste wäre ein oben offenes Terrarium, was sich aber als wenig praktikabel erweist. Zusätzlich zur Deckellüftung sind kleine untere Lüftungsöffnungen nötig, um die Frischluftzirkulation zu gewährleisten.

Ein Bartagamen-Terrarium kann sehr einfach eingerichtet sein. Wichtig ist die möglichst große Lauffläche. Zu viele Steine und Wurzeln engen den Bewegungsraum ein.

Glas- oder Holzterrarium?

Glas Fast alle Terrarien, die im Fachhandel angeboten werden, bestehen aus Glas. Vorteile: optisch ansprechend, leicht zu säubern und bis ca. 1,50 m Länge relativ preisgünstig. Nachteile: Bei Glas lässt sich das Bruchrisiko nie völlig ausschließen und ein Becken von über 1,50 m Länge ist sehr schwer und meist auch teuer.
Holz Geeignete Holzterrarien für Reptilien werden nur selten angeboten. Vorteile: Holz lässt sich ohne viel Aufwand be- und verarbeiten; man kann z. B. problemlos Löcher für Kabelführungen bohren. Selbst größere Fertigmodelle sind relativ leichtgewichtig und preiswert. Nachteile: weniger attraktiv als Glasbecken; die Terrarienbewohner können nicht aus jedem Blickwinkel beobachtet werden.

Fertigmodell oder Selbstbau?

Fertigmodell Bei handelsüblichen Glasterrarien bis 1,50 m Länge gibt es eine große Auswahl zu meist moderaten Preisen. Auch Aufzuchtbecken mit einer Kantenlänge von 60 cm sind ausgesprochen preisgünstig. Erheblich teurer kommen Großterrarien und solche, die auf Maß gefertigt werden.
Selbstbau Wer sein Terrarium in eigener Regie zimmert, kann es in Größe und Form exakt seinen Wünschen und den Raumverhältnissen anpassen. Selbstbau lohnt sich aber nur bei größeren Becken.

Aufzucht- und Behandlungsbecken

Aufzucht Wer Agamen züchtet, braucht für die Unterbringung der Jungtiere ein eigenes Terrarium.
Behandlung Ein kleines »Behandlungszimmer« erleichtert die Versorgung kranker oder verletzter Tiere. Es muss vollständig eingerichtet sein.

Der richtige Standort

› Nie in praller Sonne. Starke Sonneneinstrahlung kann zum Hitzschlag führen. Ein kühler Standort ist besser als ein zu warmer, da das Becken leichter geheizt als gekühlt werden kann.
› Mitten im Leben. Platzieren Sie das Terrarium in einer belebten Umgebung und in Tischhöhe. So gewöhnen sich die Echsen schnell an Ihre Nähe.

Die meisten Bartagamen können, wie diese *P. mitchelli*, gut klettern. Wurzeln sind beliebte Aussichtsplätze.

Grundausstattung

Bartagamen stellen keine allzu großen Ansprüche an die Gestaltung ihrer Unterkunft. Die Grundausstattung kann auf wenige Elemente beschränkt werden. Neben dem Bodengrund bieten sich hierfür in erster Linie Steine und Wurzeln an.

Bodengrund

Beim Bodengrund gibt es mehrere Möglichkeiten:
› Eine preisgünstige und durchaus akzeptable Lösung ist feiner, gewaschener Kies.
› Bodengrund aus verdaubarem Kalk ist neu und relativ teuer. Wird er mit der Nahrung aufgenommen, versorgt er den Körper zusätzlich mit Kalzium.
› Auch lehmhaltiger roter Sand eignet sich als Bodengrund. Er wird feucht eingebracht und angedrückt, härtet beim Trocknen aus und lässt sich zu schönen Landschaften modellieren. Die Agamen lieben ihn und ihre Krallen nutzen sich gut ab.
› Ungeeignet ist Kleintiersand: Er bleibt am Grünfutter oder an den Futtertieren hängen, wird ver-

Flache Steine, Wurzeln und Äste sind bevorzugte Ruheplätze der Agamen, vor allem dann, wenn ein Wärmestrahler darüber montiert ist. Der Bodengrund besteht hier aus lehmhaltigem, rotem Sand.

schluckt, verbleibt im Darm und kann zu einer gefährlichen Darmblockade führen.

› Sehr junge Agamen hält man ohne Bodengrund, um die Gefahr der Darmverstopfung zu vermeiden, falls die Tiere Bodenteilchen aufnehmen.

Steine und Wurzeln

Steine und Wurzeln sind die typischen Gestaltungselemente im Terrarium. Da Bartagamen kräftig sind und gerne graben, darf man nur schwere Steine und Wurzeln verwenden. Alle Objekte müssen auf dem Boden liegen, um zu verhindern, dass grabende Tiere durch umstürzende Teile verletzt oder erschlagen werden. Eine flache Felsplatte, über der ein Wärmestrahler installiert ist, wird schnell zum Vorzugsliegeplatz. Der Stein speichert die Wärme und die Echsen können sich von oben und unten aufheizen. Aus Korkröhren kann man gute Kletter- und Versteckmöglichkeiten basteln.

Bepflanzung

Die meisten Pflanzen eignen sich nicht für ein Bartagamenbecken. Sie werden angeknabbert, plattgedrückt oder vertragen keine trockene Hitze. Viele Zimmerpflanzen sind darüber hinaus für Echsen giftig. Unbesorgt einsetzen kann man Sukkulenten und Agaven, sollte jedoch die Spitzen der unteren Blätter rundschneiden. Als Dekoration sind Kunststoffpflanzen nicht die schlechteste Wahl.

Sichtschutz

Rück- und Seitenwände des Beckens sollten beklebt oder besser noch als Felswände gefertigt werden. Die Agamen fühlen sich sicherer, wenn sie bis auf die Frontscheibe rundherum Deckung haben. Rückwände aus dem Fachhandel sind teuer, man kann sie aus Styropor und Putz selber machen.

Schön und **artgerecht wohnen**

TIPPS VOM AGAMEN-EXPERTEN
Manfred Au

ZWEITE ETAGE Vergrößern Sie die Lauffläche im Terrarium mit einer verputzten Styroporplatte in halber Höhe, die über die ganze Terrarienlänge geht. Für Stabilität sorgen Regalwinkel, mit denen die Platte an der Rückwand befestigt wird. Als Aufstieg eignet sich eine Röhre aus Korkeiche.

WENIGER IST MEHR Beschränken Sie sich auf wenige Hölzer und Steine. Mit einer einzigen Gesteinsart, die farblich zum Bodengrund und zur Rückwand passt, und einer dekorativen Wurzel im Zentrum erzielt man oft den natürlichsten Eindruck. Auf diese Weise kommen auch die Terrarienbewohner am besten zur Geltung.

HELL UND FREUNDLICH Wählen Sie helle Farben für Boden und Wände, schwarze und dunkle Farbtöne schlucken zu viel Licht.

PFLANZEN FÜRS AUGE Wer Wert auf einen besonders schönen Pflanzenbestand legt, kann ein zweites Terrarium direkt hinter das Domizil der Agamen stellen, nach Belieben bepflanzen und so auch für bestes Pflanzenklima sorgen. Dieses Becken muss dann ebenfalls beleuchtet werden.

Das Bartagamen-Terrarium

Rückwand
Rückwand und Seitenwände des Terrariums werden mit Folie beklebt oder besser noch als Felswände aus verputztem und gefärbtem Styropor gefertigt, um so den Tieren zusätzliche Kletterflächen und Sichtschutz zu bieten. Eine Lackierung schützt die Wände.

2. Etage
Eine auf halber Höhe eingesetzte Styroporplatte vergrößert den Bewegungsraum.

Kletterast
Ein Korkeichenast ist für die Echsen die ideale Kletterhilfe, um vom Terrarienboden in die 2. Etage zu kommen. Er ist gleichzeitig ein dekoratives Gestaltungselement.

Boden
Der Bodengrund darf nicht zu fein sein. Je nach Besatzdichte und Terrariengröße muss er mehrmals jährlich erneuert werden. Auf harten Böden nutzen sich die Krallen gut ab.

Lüftung
Durch die vorderen Lüftungsschlitze strömt Frischluft ein. Die verbrauchte Luft entweicht über die Deckellüftung.

Das Bartagamen-Terrarium

Abdeckung
Sie sollte mindestens zur Hälfte aus Drahtgaze bestehen, um einen guten Luftaustausch zu gewährleisten.

Strahler
An der Decke über den Sonnenplätzen hängen unterschiedlich starke Wärmestrahler. Die Bartagamen können so zwischen mehreren Temperaturzonen wählen.

Thermometer
Mit mehreren im Becken verteilten Thermometern kann man die Temperaturverhältnisse jederzeit kontrollieren.

Beleuchtung
Bei Terrarien gängiger Größe sollte man Beleuchtung und Wärmestrahler immer außerhalb anbringen. Nur bei sehr hohen und großen Terrarien können die Elemente auch ins Becken eingebaut werden, da die Bewohner hier mit ihnen nicht in Kontakt kommen können.

Glasscheibe
In den Laufschienen setzt sich Sand ab. Regelmäßig absaugen, um für leichten Lauf zu sorgen.

Terrarientechnik

Das Bartagamen-Terrarium kommt mit sehr wenig Technik aus. Licht- und Wärmequellen sind die einzigen Hilfsmittel, die Sie zur erfolgreichen Haltung der relativ anspruchslosen Exoten benötigen.

Beleuchtung

Für Reptilien spielt das Licht neben der Temperatur die entscheidende Rolle. Beide Faktoren zusammen bestimmen die Tages- und Jahresrhythmik der Tiere. So sind zum Beispiel bestimmte Tageslängen und Temperaturwerte Auslöser für Fortpflanzungsverhalten und Winterruhe. Bartagamen kommen aus einem lichtdurchfluteten Lebensraum und ihre Sinne sind an die extreme Helligkeit angepasst. Nur unter diesen Bedingungen fühlen sie sich wohl. Mit entsprechender Beleuchtung im Terrarium kann man versuchen, die natürlichen Verhältnisse zu simulieren. Dabei gilt grundsätzlich: Ein Terrarium für die Bartagamen kann nicht hell genug sein.

Leuchtstoffröhren Leuchtstoffröhren sind eine ideale Lichtquelle für das Terrarium, da ihr Lichtspektrum fast Tageslichtqualität hat. Es gibt sie in verschiedenen Längen, Größen und Lichtfarben, auch als spezielle UV-Röhren. Empfehlung: Wählen Sie statt der alten T8-Röhren die neuen und weitaus helleren T5-Modelle.

Die Röhren sollten die gesamte Länge des Terrariums überdecken und immer mit einem Reflektor betrieben werden, der die Helligkeit um nahezu 100 Prozent steigert. Leuchtstoffröhren eignen sich besonders für kleinere, lange und flache Terrarien. Zwei bis drei T5-Röhren mit Reflektor stellen das Minimum für die ausreichende Beleuchtung eines 150 × 80 × 80 cm großen Beckens dar. Die Röhren geben nahezu keine Wärme ab. In Anschaffung und Unterhalt sind sie vergleichweise günstig.

Sparlampen Da die Lichtausbeute der Sparlampen nur in einem engen Bereich hoch genug ist, sollten sie ausschließlich für sehr kleine Terrarien verwendet werden, zum Beispiel für ein Aufzucht- oder Behandlungsbecken.

Quecksilberdampflampen (HQL) Quecksilberdampflampen müssen mit einem Vorschaltgerät betrieben werden. Der Anschaffungspreis ist moderat, der Stromverbrauch in Relation zur Lichtausbeute allerdings hoch. Die Leuchten werden in den Stärken 50, 80 und 125 Watt angeboten und eignen sich für mittelhohe bis hohe Terrarien. Sie leuchten spotartig eine kleine Fläche aus, die Lichtfarbe ist von mittlerer Qualität. Zu den Vorzügen zählen ein geringer UV-Strahlungsanteil und die Abgabe von Wärme. Wenn Reptilien unter verschiedenen Wärmequellen wählen können, bevorzugen sie meist die Quecksilberdampflampen.

Kombi-Set Zwei HQL-Strahler mit je 125 Watt und zwei bis drei Leuchtstoffröhren reichen als Licht- und Wärmequellen für ein 160 × 80 × 80 cm großes Bartagamen-Terrarium aus.

Metalldampflampen Diese Leuchten liefern ein tageslichtähnliches, extrem helles Licht. Sie geben viel Hitze ab und eignen sich nur für hohe und gut belüftete Terrarien. Metalldampflampen sind teuer, die Stromkosten liegen auf mittlerem Niveau.

UV-Lampen Von der Größe her eignen sich für den Dauerbetrieb im Bartagamen-Terrarium Leuchtstoffröhren und Strahler als UV-Quellen. Eine UV-Sparlampe deckt nur ein sehr begrenztes Areal ab. Echsen können im UV-Bereich sehen. Ohne UV-

1 Leuchtstoffröhren sollte man nach spätestens 18 Monaten austauschen, da sich die Lichtfarbe verschiebt und die Lichtausbeute deutlich geringer wird.

2 Sparlampen sind die günstigste Lichtquelle für kleinere Terrarien. Sie geben fast keine Wärme ab. Nachteilig ist die hohe Bruchgefahr der Leuchten.

3 Alle Wärmestrahler, die im Terrarium eingesetzt werden, sollten möglichst mit einem Schutz vor Berührungen durch die Agamen ausgerüstet sein.

4 Heizmatten können im Laufe der Zeit brüchig werden. Sie müssen regelmäßig kontrolliert werden, um das Risiko eines Stromschlags auszuschließen.

Beleuchtung fehlt ihnen dieser wichtige Wahrnehmungsbereich. Nach meinen Erfahrungen scheint sich UV-Licht positiv auf das Wohlbefinden der Bartagamen auszuwirken. UV-Licht ist für die Synthese von Vitamin D notwendig. Dafür sollte man allerdings Speziallampen wie die Osram UltraVitalux 300 Watt einsetzen (drei- bis viermal pro Woche für jeweils 30 min), da normale UV-Lampen die Vitaminsynthese kaum stimulieren.

Wärmequellen

Wärmestrahler Die meisten Lichtquellen erzeugen gleichzeitig auch Wärme, lediglich Sparlampen und Leuchtstoffröhren liefern relativ kaltes Licht. Die Terrarientemperatur sollte tagsüber 26–32 °C betragen, mit Sonnenplätzen von ca. 40 °C und kühleren Zonen von 20–25 °C, wo keine Wärmestrahler installiert sind. Wird es zu heiß, muss man die Belüftung verbessern oder die warme Luft mit einem langsam laufenden Lüfter abführen. Überhitzung kann zum Tod der Echsen führen, da sie ihre Körpertemperatur nicht durch Schwitzen absenken können. Nachts werden alle Heizquellen ausgeschaltet. Die Temperaturabsenkung fördert das Wohlbefinden und die Gesundheit der Tiere.

Spotstrahler Spotstrahler eignen sich gut für die punktmäßige Erwärmung der Sonnenplätze.

Bodenheizung Die natürlichste Wärme in einem Terrarium kommt von oben und wird von den Strahlern erzeugt. Es kann aber durchaus hilfreich sein, eine Bodenheizung zur Unterstützung einzusetzen. Dafür ist eine Heizmatte besser geeignet als ein Heizkabel. Bei einem Glasterrarium liegt die Heizmatte auf einer Isoliermatte unter dem Becken. Damit ist sichergestellt, dass die Wärme nach oben abgegeben wird. Im Holzterrarium liegen Heizmatte oder Heizkabel auf dem Beckengrund. Da Unfälle nicht ausgeschlossen sind, wenn die Tiere beim Graben auf die Heizung stoßen, sollte man im Holzbecken besser auf eine Bodenheizung verzichten.

Wichtiges und sinnvolles Zubehör

Anzeige-, Schalt- und Kontrollgeräte erleichtern den sicheren Terrarienbetrieb und gewährleisten die automatische Steuerung wichtiger Funktionen.

Thermometer

Thermometer sind für das Bartagamen-Terrarium unverzichtbar. Je nach Modell und Ausführung reichen die Preise von 2 bis 50 Euro.
› Digital: In Glasterrarien verwendet man meist digitale Kunststoffthermometer zum Ankleben.
› Anzeigetest: Prüfen Sie die Thermometer vorab auf Genauigkeit: Anzeigeabweichungen bis zu 10 °C sind nicht selten.
› Mit Sonde: Für Holzterrarien eignen sich Modelle mit Fernfühler. Die Temperatursonde wird durch eine Bohrung in der Rückwand geführt, das Thermometer befestigt man außerhalb, wo es sich besonders leicht ablesen lässt.
› Auf einen Blick: Sehr praktisch sind Maximum-Minimum-Thermometer: Neben der aktuellen Temperatur zeigen sie den Höchst- und Tiefstwert im Ablesezeitraum an. Damit lässt sich auch die nächtliche Temperaturabsenkung gut überprüfen.
› Auf keinen Fall Glasthermometer: Bricht das Gehäuse, werden die Glassplitter zur großen Gefahr für die Echsen.
› Volle Kontrolle: Mit mehreren im Becken verteilten Thermometern hat man immer die lückenlose Kontrolle über die verschiedenen Klimazonen.

Thermostat

Sobald eine vorgewählte Temperatur erreicht wird, schaltet der Thermostat die angeschlossenen Geräte ein oder aus. Das automatische Ausschalten aller Wärmequellen kann u. a. im Sommer nützlich sein, um eine drohende Überhitzung zu verhindern. Thermostate kosten zwischen 20 und 100 Euro.

Zeitschaltuhr

Tages- und Jahresablauf der Reptilien werden von Licht und Temperatur gesteuert. Mit einer Schaltuhr steuert man die täglichen Ein- und Ausschaltzeiten und simuliert mit ihr auch die jahreszeitlichen Verschiebungen. Wählen Sie eine elektronische Uhr mit Gangreserve, die auch einen Stromausfall überbrückt. Preise: 10 bis ca. 100 Euro.

Dimmer

Mit Dimmern begrenzt man die Leistung der angeschlossenen Geräte (z. B. Wärmestrahler, Heizmatte) und passt sie so z. B. dem unterschiedlichen Bedarf in verschiedenen Jahreszeiten an. Manche Lichtquellen sind nicht dimmbar oder benötigen spezielle Ausführungen. Lassen Sie sich im Fachhandel beraten. Preise: 15 bis 100 Euro.

Vorsicht **Strom!**

MIT PRÜFSIEGEL Strom im Terrarium ist eine Gefahrenquelle. Verwenden Sie nur elektrische Geräte mit einem Prüfsiegel (z. B. VDE-Zeichen).

AUF NUMMER SICHER Nehmen Sie ein fehlerhaftes oder beschädigtes Gerät sofort vom Netz.

PROFIHILFE Die Reparatur Strom führender Geräte, Leitungen und Verteiler ist Expertensache.

AUFZUCHTBECKEN Das Terrarium, in dem der Nachwuchs aufgezogen wird, muss die gleichen technischen Anforderungen erfüllen wie ein Becken für ausgewachsene *Pogona*. Allerdings sollte es von den Abmessungen deutlich kleiner sein, da die Jungtiere noch ungeschickte Jäger sind und sonst keine Beute machen. Zur Sicherheit verzichtet man entweder ganz auf den Bodengrund oder verwendet einen Kalkboden, der gefahrlos gefressen und verdaut werden kann.

QUARANTÄNESTATION Das Terrarium zur Behandlung kranker oder verletzter Agamen muss nicht sehr groß sein. Seine Einrichtung beschränkt sich auf die wesentlichen Elemente und erleichtert damit auch die Reinigung, was speziell bei kranken Tieren wichtig ist. Ausstattung: Heiz- und Lichtquelle, Trinkgefäß, Versteckmöglichkeit. Statt eines Bodengrunds legt man Papier aus, das täglich gewechselt werden kann.

TRANSPORTBOX Ein Plexiglasterrarium mit Deckel ist ideal für Transporte, z. B. zum Tierarzt. Wichtig: Dunkelhaltung bei längerer Fahrt.

KAUF UND HALTUNG

Bartagamen gehören zu den beliebtesten exotischen Heimtieren. Neben der gründlichen Information vor dem Kauf ist die Wahl der geeigneten Tiere die Grundlage für eine erfolgreiche Haltung.

Wenn Echsen ins Haus kommen

Bartagamen sind relativ anspruchslos. Doch wie alle anderen Heimtiere bringen auch sie ein paar Veränderungen in Ihr Leben, sie beanspruchen Platz, regelmäßige Pflege und Versorgung.

Platzbedarf

Das Terrarium für die Bartagamen darf nicht zu klein sein: Die Mindestgrundfläche für ein Pärchen *Pogona vitticeps* beträgt 160 × 80 cm, für zwei Tiere der kleineren Art *P. henrylawsoni* 120 × 60 cm. Bei der Wahl des Stellplatzes muss man darauf achten, dass das Terrarium nicht im direkten Sonnenlicht steht, um ein Aufheizen zu vermeiden. Platzieren Sie es so, dass Sie die Tiere gut beobachten können. Ein zweites, kleineres Becken sollten Sie für den Fall reservieren, dass ein Tier krank ist oder sich verletzt hat und für einige Zeit getrennt von den anderen gehalten und versorgt werden muss.

Füttern und reinigen

Fütterung Erwachsene Bartagamen muss man nur alle zwei bis drei Tage füttern, Jungtiere täglich. Da *Pogona* hauptsächlich von Insekten leben, empfiehlt es sich, die Futtertiere selbst zu halten.

Reinigung Trinkwasser täglich erneuern, dabei immer auch das Trinkgefäß säubern. Ebenfalls täglich müssen alle Verdauungsrückstände beseitigt werden, die sehr stark riechen können.

Kontrolle Achten Sie auf eventuell ungewöhnliche Verhaltensweisen der Tiere und prüfen Sie regelmäßig die Temperatur im Terrarium.

Urlaub Während des Sommerurlaubs müssen die Bartagamen alle drei bis vier Tage betreut werden, in der kalten Jahreszeit halten sie Winterruhe.

Kosten Neben den Anschaffungskosten müssen Sie laufende Ausgaben für Lebendfutter und Stromkosten für Heizung und Beleuchtung einplanen.

Auswahl und Kauf

Spontankäufe sind bei Bartagamen nicht selten. So mancher Echsenfreund lässt sich dabei durch die zum Teil sehr günstigen Angebote an Nachzuchten verleiten oder wird vom Verkäufer nur ungenügend über Pflegeaufwand und Folgekosten informiert. Mangelnde Kenntnis und Erfahrung des Halters führen dazu, dass viele dieser Tiere bereits in den ersten Wochen sterben oder schnell wieder abgegeben werden. Klären Sie vor dem Kauf, ob Sie die Grundvoraussetzungen zur Haltung von Bartagamen erbringen wollen (→ Seite 31).

Überlegungen vor dem Kauf

Sind alle einverstanden? Bartagamen brauchen regelmäßige Pflege und Versorgung. Zum Kauf der Reptilien sollten Sie sich nur dann entscheiden, wenn alle Familienmitglieder zustimmen und auch einmal ein entlaufenes Futtertier tolerieren.

Wer ist verantwortlich? Überlassen Sie die Betreuung der Terrarienbewohner nicht dem Zufall. Legen Sie unbedingt vorher fest, wer für die Pflege der Tiere zuständig ist, und wer bei Bedarf mithilft. Wegen der besonderen Haltungsanforderungen und der notwendigen Technik rund ums Terrarium darf man die Verantwortung für die Pflegearbeiten auf keinen Fall Kindern überlassen.

Für wie viele Tiere reicht der Platz? Die Entscheidung für die Art und Anzahl der Bartagamen, die Sie halten wollen, hängt in erster Linie von den räumlichen Gegebenheiten und der Möglichkeit ab, auch ein größeres Terrarium beziehungsweise zwei oder sogar mehrere aufzustellen. Die kleineren *Pogona henrylawsoni* beanspruchen weniger Lauffläche als *P. vitticeps*. Man kann stets nur ein männliches Tier zusammen mit einem oder mehreren Weibchen halten. Je größer die Gruppe ist, desto größer muss auch ihr Terrarium sein.

Nachwuchs für die Bartagamen? Wenn Sie mit den Echsen züchten wollen, müssen Sie genügend Platz für zwei Tiere einplanen. Ein junges Pärchen bekommen Sie vom Züchter. Ein erfahrener Züchter erkennt das Geschlecht der Agamen schon früh und wird Ihnen ein geeignetes Duo anbieten.

Eine Echse für Einsteiger Wer noch keine Praxiserfahrung mit der Haltung von Reptilien hat, startet am besten mit einem einzelnen Tier. Er vermeidet damit Fehler, die bei der Paarhaltung entstehen können. Nach einigen Monaten und mit steigender Erfahrung kann man sich dann für ein zweites, etwa gleich großes Tier entscheiden.

Anfänger in der Agamen-Haltung sollten sich zunächst nur für ein Tier entscheiden und erst später ein zweites dazu kaufen.

Wenn die Haltungsbedingungen stimmen und die Tiere artgerecht leben und ausgewogen ernährt werden, können junge Bartagamen außerordentlich schnell wachsen. Im Bild das Jungtier einer Gewöhnlichen Bartagame *(Pogona vitticeps)*.

Hilfe im Notfall Wer weiß Rat bei Haltungsproblemen? Wo finde ich Tierärzte mit Reptilienerfahrung? Wer betreut meine Agamen im Urlaub? Diese Fragen sollten Sie vor dem Kauf klären. Erste Anlaufstelle ist meist der Züchter oder Zoofachhändler. Im Internet gibt es zahlreiche Seiten über Bartagamen. Unter www.dght.de finden Sie auf der Internetseite der DGHT, der weltgrößten Vereinigung von Herpetologen und Terrarianern, auch Adressen geeigneter Tierärzte (→ Adressen, Seite 62).

Richtlinien zur **artgerechten Haltung**

Bartagamen sind nicht meldepflichtig, jeder kann sie erwerben und halten. Verbindliche Richtlinien für die artgerechte Haltung sind in den »Mindestanforderungen an die Haltung von Reptilien« festgelegt (erhältlich über die Geschäftsstelle der DGHT, → Adressen, Seite 62).

Das ist beim Kauf wichtig

Die Ausfuhr von Bartagamen aus Australien ist seit vielen Jahrzehnten verboten. Alle bei uns gehaltenen Tiere sind Nachzuchten und das Zuchtergebnis von vielen Generationen. Entsprechend groß sind die qualitativen Unterschiede. Der Kauf ist in erster Linie Vertrauenssache, da man oft nur bei ernsthaft erkrankten und wirklich schlecht gehaltenen Tieren äußere Anzeichen feststellt und erste Krankheitssymptome leicht übersieht. Speziell Anfänger sind mit der Beurteilung häufig überfordert.

Der richtige Züchter Andere Terrarianer oder ein Terrarienverein vermitteln Ihnen gerne die Adressen empfehlenswerter Züchter in Ihrer Nähe.

Darauf sollten Sie achten Sehen erwachsene und Jungtiere gesund und lebendig aus? Sind sie artgerecht untergebracht? Macht das Terrarium einen sauberen Eindruck? Beantwortet der Verkäufer bereitwillig und ausführlich alle Ihre Fragen?

Kaufrecht Ein guter Züchter oder Händler wird Ihnen wissentlich keine kranken Bartagamen verkaufen. Sollte doch ein Tier krank sein, wird er es austauschen oder Ihnen den Kaufpreis erstatten.

Krankheitssymptome Gibt es die geringsten Zweifel am Gesundheitszustand der Bartagamen, sollten Sie vom Kauf absehen. Das sind typische Krankheitsanzeichen: lahme Gliedmaßen; Teilnahmslosigkeit; Verkrümmungen von Wirbelsäule, Schwanz oder Unterkiefer; hervorstehende Beckenknochen; sehr dünner Körper und Schwanz; offene Wunden; verklebte oder geschlossene Augen; hervorquellende Augen (Klotzaugen); auf dem Boden aufgestützter Kopf; torkelnde Laufbewegungen; Krämpfe.

Kotprobe Aufschluss über einen möglichen Befall mit Parasiten gibt eine Kotuntersuchung, die man meist jedoch erst nach dem Kauf vornehmen kann.

Diese halbwüchsige *Pogona vitticeps* macht einen aufgeweckten und gesunden Eindruck. Aufmerksam beobachtet sie ihre Umgebung.

Wie teuer ist die Haltung?

AUSGABEN BEDENKEN Überprüfen Sie vor dem Kauf Ihre Haushaltskasse: Dies sind die Fixkosten und laufenden Ausgaben für die Haltung und Pflege von zwei ausgewachsenen Gewöhnlichen Bartagamen *(Pogona vitticeps)*.

FIXKOSTEN Terrarium ab 100 Euro Materialkosten bei Eigenbau; ab 300 Euro für Fertigmodelle **Heizung und Beleuchtung** ab 100 Euro **Weitere Technik** Thermometer, Schaltuhr 30 Euro **Einrichtung** Bodengrund, Wurzeln, Korkröhren und Steine ab 30 Euro

LAUFENDE KOSTEN Lebendfutter 2,50–5,0 Euro wöchentlich **Stromverbrauch** 1,5–2,0 kW/Stunde pro Tag

Einzug ins Terrarium

Bevor die Bartagamen bei Ihnen einziehen, muss ihr neues Zuhause vollständig eingerichtet und funktionsfähig sein. Ein Probelauf über 48 Stunden gibt Aufschluss darüber, ob das Terrarienklima die Ansprüche seiner künftigen Bewohner erfüllt.

Einsetzen und eingewöhnen

Alle erworbenen Bartagamen werden gleichzeitig ins Terrarium eingesetzt. Damit verhindern Sie, dass später hinzukommende Tiere als Eindringlinge betrachtet und angegriffen werden. Die Reptilien gewöhnen sich schnell an die neue Umgebung und zeigen schon nach wenigen Stunden ihr normales Verhalten.

Darauf sollten Sie jetzt achten

Auffällige Verhaltensveränderungen in den ersten Tagen sind immer ein Alarmzeichen.
› Verhalten sich alle Tiere normal und ohne erkennbare Einschränkungen?
› Bewegen sie sich frei im ganzen Terrarium oder versuchen sie sich zu verstecken?
› Nehmen sie das angebotene Futter an?
› Funktioniert die Verdauung ohne Probleme?
› Wird ein Tier von den Mitbewohnern unterdrückt, so dass es beim Fressen zu kurz kommt oder ständig von den Sonnenplätzen vertrieben wird?
› Gehen die Bartagamen friedlich miteinander um oder kommt es sogar zu Beißereien?

Wohlfühl-Ambiente: Klettern, verstecken, ausruhen – alles möglich. Und wenn das Klima stimmt, klappt es ganz schnell mit dem Eingewöhnen.

Sichtschutz Gestalten Sie die Einrichtung so, dass ein unterdrücktes Tier sich in nicht einsehbare Bereiche und auf einen sichtgeschützten Sonnenplatz zurückziehen kann. Führt das nicht zum Ziel, muss die unterlegene Echse das Terrarium verlassen.

Jagdbeute Auf keinen Fall Bartagamen von zu unterschiedlicher Größe gemeinsam halten: Die großen betrachten kleinere Artgenossen als Beute.

Das A und O der artgerechten Haltung

Obwohl die artgerechte Haltung von Bartagamen etwas Fingerspitzengefühl verlangt, stellt sie auch Anfänger nicht vor unlösbare Probleme. Wer die wichtigsten Punkte beachtet, hat über viele Jahre Freude an gesunden und munteren Tieren.

Solo oder Gruppe?

Einzelhaltung Alle wild lebenden Bartagamen sind Einzelgänger, die nur während der Paarungszeit auf Partnersuche gehen, ansonsten aber die Nähe ihrer Artgenossen meiden. Die Haltung eines einzelnen Tieres im Terrarium ist also durchaus artgerecht.

Gruppe Wer für mehr Leben in seinem Reptiliendomizil sorgen will, kann problemlos mehrere Agamen halten. Das gilt allerdings nur für die weniger aggressiven Arten *Pogona vitticeps* und *P. henrylawsoni*. Beide eignen sich für Einsteiger, die selteneren Arten sind ein Fall für Spezialisten. Eine Gruppe kann aus mehreren Weibchen bestehen, zu ihr darf aber stets nur ein Männchen gehören.

Die beiden Jungtiere genießen gemeinsam die Wärme des Strahlers. Es braucht viel Erfahrung, um das Geschlecht von Bartagamen in diesem Alter zu bestimmen.

Terrariengröße Das Terrarium sollte mindestens diese Abmessungen besitzen: für ein erwachsenes Pärchen *P. vitticeps* 160 × 80 × 80 cm (Länge × Breite × Höhe), für zwei ausgewachsene *P. henrylawsoni* 120 × 60 × 60 cm. Mindestgröße eines Aufzuchtbeckens für zwei bis drei Jungtiere: 60 × 30 × 30 cm.
Gruppengröße Die Anzahl der Tiere richtet sich nach der Grundfläche des Terrariums. Aber selbst in einem sehr großen Becken ist immer nur Platz für ein einziges Männchen. Zwischen zwei Männern würde es zu erbitterten Kämpfen kommen.
Alter und Körpergröße Achten Sie darauf, dass Ihre Terrarienbewohner möglichst gleich groß sind. Kleine Tiere werden von den größeren Artgenossen als Beute betrachtet. Das gilt auch für den eigenen Nachwuchs. Alle Bartagamen können erstaunlich große Beutetiere verschlingen.
Getrennte Unterbringung Agamen, die von den Mitbewohnern ständig unterdrückt werden, sollten aus dem Terrarium genommen werden. Wenn das Männchen dem trächtigen Weibchen zu sehr nachstellt, muss es bis nach der Eiablage entfernt werden. Ebenfalls getrennt halten muss man kranke oder verletzte Echsen.

Vergesellschaften mehrerer Arten

Mit anderen Bartagamen Grundsätzlich kann man verschiedene Bartagamenarten gemeinsam in einem Terrarium halten. Es sollten allerdings reine Weibchengruppen mit gleich großen Tieren sein.
Mit anderen Echsen Auch mit anderen Echsen lassen sich Bartagamen vergesellschaften, vorausgesetzt, den Terrarienpartnern behagen die Klimabedingungen und sie sind groß genug, um von den Bartagamen nicht als Futtertiere betrachtet zu werden. Als geeignete Mitbewohner kommen Kragenechsen und Dornschwänze in Frage.

> **Vertrauen gewinnen** leicht gemacht
>
>
>
> TIPPS VOM
> AGAMEN-EXPERTEN
> **Manfred Au**
>
> **RUHIG UND BEDÄCHTIG** Vermeiden Sie hektische Bewegungen und lassen Sie den Tieren Zeit, sich an Ihre Nähe zu gewöhnen. Manche werden zutraulich, andere bleiben auf Dauer distanziert.
>
> **NIE VON OBEN** Ergreifen Sie eine Bartagame immer von vorne oder von der Seite, aber niemals von oben. Bei Annäherung aus der Luft fühlen sich die Echsen durch einen Fressfeind bedroht.
>
> **SANFTER UMGANG** Halten Sie eine Agame nicht gegen ihren Willen fest. Versucht sie sich zu befreien, kann es zu Verletzungen kommen.
>
> **HANDFÜTTERUNG** Bieten Sie Leckerbissen mit der Hand an und lassen Sie die Tiere auf Ihre offene Hand klettern. Die Agamen empfinden unsere Körpertemperatur als angenehm.
>
> **KEIN SPIELZEUG** Kindern sollten Sie Kontakt mit den Echsen nur unter Aufsicht gestatten.
>
> **VERHALTEN KENNEN** Schließt die Agame die Augen und macht sich flach, fühlt sie sich nicht wohl oder hat Angst. Kratzen an der Frontscheibe: Sie will aus dem Terrarium genommen werden.

Klima und Licht

Temperatur Bartagamen lieben es trocken und warm. Trotzdem sollte es im Terrarium verschiedene Temperaturbereiche geben: von 23–25 °C in der kühlsten Zone bis 30–33 °C in der wärmsten. Auf den Sonnenplätzen dürfen die Temperaturen auch 40–45 °C erreichen. So können die Bewohner nach Belieben ihren Wohlfühlbereich wählen. In den Nachtstunden sind alle Wärmequellen ausgeschaltet.

Luftfeuchtigkeit Die relative Luftfeuchtigkeit im Terrarium sollte tagsüber bei ungefähr 40 % liegen, nachts bei ca. 50 %. Bei zu viel Feuchtigkeit erkranken die Bartagamen häufiger an Infektionen, vor allem an Pilzinfektionen.

Beleuchtung Stellen Sie den Lichtrhythmus so ein, dass der Tag für die Agamen in den Sommermonaten 12–13 Stunden beträgt, im Frühling und Spätherbst ca. 10 Stunden. Während der Winterruhe kann die Beleuchtung ganz ausgeschaltet bleiben. Für Gesundheit und Wohlbefinden der Tiere ist UV-Licht sehr wichtig (→ Seite 26). Gönnen Sie ihnen möglichst oft natürliches Sonnenlicht.

Winterruhe

Im Winter legen Bartagamen für zwei bis drei Monate eine Ruhephase ein (→ Seite 52). Der Stoffwechsel ist während der Winterruhe reduziert. Die Umgebungstemperatur sollte bei ca. 18 °C liegen, Heizung und Beleuchtung bleiben ausgeschaltet.

Fütterung

Die Nahrung der Bartagamen besteht zu ca. zwei Dritteln aus tierischer Kost, überwiegend lebenden Insekten, und zu einem Drittel aus pflanzlichem Futter wie Salat und Obst (→ Seite 46). Erwachsene Tiere werden nur jeden 2. oder 3. Tag gefüttert, die Jungtiere mehrmals täglich, bis sie satt sind.

Quarantäne

Bevor Sie einen Neuankömmling in eine bereits bestehende Gruppe integrieren, sollte er für mehrere Wochen in einem eigenen Terrarium untergebracht werden (→ Seite 29). Hier können Sie am besten kontrollieren, ob die Agame gesund ist und für die anderen Tiere keine Ansteckungsgefahr besteht.

Betreuung im Urlaub

Erwachsene Tiere können gut einige Tage hungern, der Kurzurlaub von einer Woche stellt kein Problem dar. Das Absenken der Terrarientemperatur reduziert den Stoffwechsel. Bei längerer Abwesenheit sollte alle drei Tage gefüttert werden, Jungtiere brauchen jedoch auch in dieser Zeit täglich Futter. Planen Sie Ihren Winterurlaub so, dass er in die Monate der Winterruhe Ihrer Agamen fällt.

In sehr großen Terrarien kann man eine UV-Lampe wie die Osram UltraVitalux fest installieren. Sie hängt hier außer Reichweite der Bartagamen.

Das A und O der artgerechten Haltung

Vom Start weg alles richtig machen

Mit einem Terrarium, das den Bartagamen genügend Platz bietet, sparsam und geschickt eingerichtet ist und den Tieren unterschiedliche Klimazonen bietet, legen Sie die Basis für eine artgerechte und erfolgreiche Haltung.

Tut gut

- ⊕ Starten Sie mit einem einzelnen Tier ins Terrarianerleben, wenn Sie noch keine Erfahrung mit Reptilien haben.

- ⊕ Das fertig eingerichtete und funktionsfähige Terrarium muss schon vor dem Einzug der Bartagamen bereitstehen.

- ⊕ Das Mikroklima im Terrarium ist der wichtigste Faktor für eine erfolgreiche Haltung. Kontrollieren Sie die Terrarientemperatur täglich.

- ⊕ Bieten Sie den Tieren nur hochwertiges und unbelastetes Futter an und füttern Sie eher zu knapp als zu viel.

- ⊕ Tauschen Sie sich regelmäßig mit anderen Bartagamenbesitzern aus.

Besser nicht

- ⊖ Kaufen Sie keine Bartagame, die krank oder verletzt ist oder auffällige Verhaltensanomalien zeigt. Speziell Einsteiger sind mit der Haltung und Pflege solcher Tiere überfordert.

- ⊖ Helligkeit und Licht spielen im Leben der Agamen eine zentrale Rolle. Unzureichende Beleuchtung und schlechte Lichtqualität erhöhen die Anfälligkeit für Krankheiten.

- ⊖ Bartagamen sind kein Spielzeug und keine Streicheltiere. Ihre Betreuung sollten Sie nicht Kindern überlassen.

- ⊖ Terrarien mit unzureichender Belüftung und schmalen Lüftungsschlitzen sind für Bartagamen ungeeignet.

Bartagamen züchten

Die Zucht von *Pogona vitticeps* und *P. henrylawsoni* stellt auch Anfänger kaum vor Probleme. Im Vergleich dazu sind die anderen Bartagamen-Arten sehr schwierig nachzuziehen – einer der Gründe, warum sie nur selten gehalten werden.

Geschlechtsunterschiede

Auf den ersten Blick erkennt man kaum, ob man ein Bartagamen-Männchen oder ein Weibchen vor sich hat. Die Männchen zeichnen sich durch Taschen im Schwanzansatz hinter der Kloake aus, in denen die sogenannten Hemipenisse sitzen, ihre paarig ausgebildeten Begattungsorgane. Die erwachsenen Männchen erkennt man auch anhand von Drüsen an den Unterschenkeln ihrer Hinterbeine, den Femoralporen (→ Seite 42).

Voraussetzungen für die Zucht

Gesunde Zuchtweibchen Wird mit kranken oder geschwächten Weibchen gezüchtet, können während der Trächtigkeit Probleme auftreten. Nicht selten kommt es zur Legenot (→ Seite 56), die sogar zum Tod des Tieres führen kann, wenn sie nicht rechtzeitig behandelt wird.

Frei von Erbschäden Schwächliche Konstitution und Missbildungen sind häufig genetisch bedingt. Wenn man mit solchen Tieren züchtet, werden die Defekte an die Folgegeneration weitergegeben.

Nicht mit Jungtieren Zuchtfähig sind Weibchen, die mindestens vier Fünftel ihrer Endgröße erreicht haben. Der frühere Zuchteinsatz stellt eine übermäßige körperliche Belastung dar. Da die Echsen unterschiedlich schnell wachsen, entscheidet nicht ihr Alter, sondern allein die Körpergröße über die Zuchttauglichkeit.

Geeignete Jahreszeit Die ersten Wochen nach der Winterruhe der Bartagamen sind die beste Zeit für eine Verpaarung. Steigende Temperaturen und zunehmende Tageslänge im Terrarium lösen den Balz- und Paarungstrieb aus und synchronisieren das Verhalten von Männchen und Weibchen.

Bartagamen verständigen sich mit Gesten und Farben. Dieses Weibchen beschwichtigt das Männchen durch »Winken« mit dem Arm.

Diese schön gezeichnete *Pogona vitticeps* ist noch jung. Leider verliert sich die ansprechende Färbung oft mit dem Heranwachsen.

Die junge *P. henrylawsoni* wird auf einem Bodengrund aus Kalk gehalten. Wird der Kalk gefressen, kann er vollständig verdaut werden.

Werbung und Paarung

Nach der Winterruhe sollten Sie Beleuchtungsdauer und Temperaturen im Terrarium innerhalb von drei Wochen in zwei bis drei Etappen wieder den Sommerbedingungen angleichen.

› Meist dauert es nur wenige Tage, bis das Männchen seine Partnerin kopfnickend und mit abgespreiztem und schwarz gefärbtem Bart anbalzt.

› Zu Beginn der Brautwerbung flieht das Weibchen noch vor seinem Freier oder versucht ihn dabei durch »Ärmchendrehen« zu beschwichtigen.

› Einige Tage später, oft in den Vormittagsstunden, ist das Weibchen dann ebenfalls paarungsbereit, läuft nicht mehr vor dem Männchen weg, sondern signalisiert mit liegestützartigen Bewegungen des Oberkörpers ihr Einverständnis.

› Bei der Paarung beißt das Männchen sich in der Regel im Nacken des Weibchens fest, schlingt seinen Schwanz um ihren und führt einen der beiden Hemipenisse in ihre Kloake ein. Die Kopulation dauert eine halbe bis zwei Minuten.

› Wenn sich ein Bartagamenweibchen gepaart hat, kann es nacheinander mehrere Gelege produzieren. Bei dieser Form der Vorratsbefruchtung wird die Anzahl der befruchteten Eier allerdings von Gelege zu Gelege kleiner.

› Beobachten Sie aufmerksam das Werbeverhalten Ihrer Agamen: Zeigt sich ein Weibchen auch nach mehrere Tagen nicht paarungswillig, sollte es aus dem Terrarium genommen werden, da das Männchen ansonsten sehr zudringlich und auch rabiat werden kann.

› In der Folgezeit entwickelt das Weibchen zunehmend mehr Appetit und wird deutlich dicker. In dieser Phase muss man ihm viel hochwertige, kalorienreiche Nahrung anbieten. Ab und zu darf das auch eine tote, nackte Maus sein.

› Die ausreichende Versorgung mit Mineralien und Vitaminen ist für die trächtige Bartagame wichtig (z.B. mit dem Präparat Korvimin ZVT Reptil, das Sie beim Tierarzt erhalten). Bei Unterversorgung kann es zu Störungen während der Eiablage kommen.

Ausbrüten und Aufzucht

Die Trächtigkeit dauert in der Regel vier bis sechs Wochen. Macht das Bartagamenweibchen nach dieser Zeit trotz geeigneter Legeplätze keine Anstalten, seine Eier abzulegen, kann das auf Legenot hinweisen. Dann sollte das Tier möglichst schnell dem Tierarzt vorgestellt werden.

Der richtige Legeplatz

Das Weibchen gräbt an verschiedenen Stellen im Terrarium, bis es schließlich den passenden Platz für die Ablage gefunden hat. Spätestens jetzt sollte das Männchen aus dem Terrarium entfernt werden, um beim Legen nicht zu stören. Ideal zur Ablage ist eine mindestens 20 cm hohe und leicht feuchte Sandschicht. Das Weibchen gräbt sich bis auf den Grund, legt dort seine Eier ab und verschließt danach den Gang sorgfältig.

Ausbrüten der Eier

Ausgraben Jetzt muss der Halter aktiv werden und die Eier wieder ausgraben. Bei *Pogona vitticeps* sind es meist 20 bis 30 Stück. Achten Sie darauf, dass Sie die empfindlichen Eier dabei nicht beschädigen. In diesem Entwicklungsstadium darf man sie noch drehen, später nicht mehr. Den anhaftenden Sand entfernt man am besten mit einem Pinsel.

Die richtige Brutbox Als Behälter für die Inkubation, das Ausbrüten der Eier, haben sich kleinere Tupperboxen bewährt. Geeignet sind auch Dosen, wie sie zum Beispiel für Heimchen verwendet werden. Da der Luftvorrat in einer solchen Box für die Entwicklung der Eier vollkommen ausreicht, kann man auf Lüftungslöcher verzichten. Vorteil: Die Feuchtigkeit im Inneren bleibt auf Dauer konstant, Sie müssen nicht nachwässern und vermeiden so mögliche Fehler.

Das richtige Substrat Die Brutbox wird etwa zur Hälfte mit Vermiculite oder Perlite als Brutsubstrat gefüllt. Beide Substanzen gibt es im Zoofachhandel. Feuchten Sie die Bruterde leicht an; ideal ist ein Gewichtsverhältnis von 1 : 0,8 bis 1 : 1 zwischen Substrat und Wasser. Graben Sie die Eier so weit ein, dass sie zu einem Drittel aus dem Substrat hervorschauen. Da sie in den folgenden Wochen viel Feuchtigkeit aufnehmen werden und ihr Volumen

1 Nur bei erwachsenen Männchen sieht man auch die Femoralporen (→ Seite 40). Mit diesen Drüsen markieren sie wahrscheinlich ihr Revier.

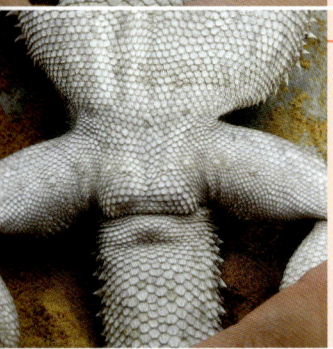

2 Bei weiblichen Bartagamen sind die am Schwanzansatz liegenden Femoralporen kaum ausgebildet. Die Bilder zeigen Gewöhnliche Bartagamen.

erheblich vergrößern, empfiehlt es sich, sie in einem Abstand von mindestens zwei Zentimetern nebeneinander auszulegen.

Viel Wärme Stellen Sie die Brutbox an einen Platz, an dem die Temperaturen tagsüber bei 26–29 °C liegen und während der Nachtstunden nicht unter 20 °C absinken. Wer auf Nummer Sicher gehen möchte, benutzt einen vorgefertigten Brutkasten für Reptilien, den der Zoofachhandel in verschiedenen Ausführungen anbietet.

Schlüpfen der Jungtiere Je nach Temperatur schlüpft der Bartagamen-Nachwuchs nach 50 bis 70 Tagen. Das Schlüpfen kündigt sich meist schon 24 Stunden vorher durch »Schwitzen« an, wobei sich auf dem Ei Tröpfchen bilden. Oft fallen die Eier kurz vor dem Schlupf auch ein. Die Jungtiere schlitzen die Eischale mit Hilfe ihres Eizahnes auf. Das ist ein kleiner spitzer Dorn, der auf der Nasenspitze sitzt und sich kurz nach dem Schlupf verliert.

Aufzucht der Jungtiere

› Die kleinen Bartagamen sind von ihrem ersten Lebenstag an selbstständig. Daher bereitet die Aufzucht keine großen Probleme.

› Damit die noch ungeschickten Jungtiere leicht zum Beuteerfolg kommen, zieht man sie in einem kleinen, ca. 60 × 30 × 30 cm großen und einfach ausgestatteten Becken auf, in dem sich die Futtertiere nicht verstecken können.

› In den ersten Wochen verzichtet man auf den Bodengrund, da die Tiere sonst beim Fressen zu viel davon aufnehmen.

› Die jungen Echsen fressen meist schon nach 24 Stunden. Da sie sehr schnell wachsen, brauchen sie hochwertige Nahrung (Insekten, Salat, Obst). Wichtig: Stäuben Sie die Futtertiere bei jeder zweiten Fütterung mit einem Kalkvitamingemisch ein.

3 Das Weibchen gräbt eine tiefe Höhle für die Eiablage. Nicht selten wird an mehreren Stellen gegraben, bevor dann eine Höhle ausgewählt wird.

4 24 Stunden alt ist dieses Jungtier im Brutbehälter. Die leeren Eischalen zeigen, dass seine Geschwister bereits vor einigen Tagen geschlüpft sind.

5 Junge Agamen sind vom ersten Tag an völlig selbstständig und zeigen alle Verhaltensweisen der erwachsenen Tiere, wie hier beim Sonnenbaden.

› Bei der Aufzucht mehrerer Jungtiere muss rund um die Uhr Futter verfügbar sein, sonst beißen sich die Bartagamen gegenseitig in Beine und Schwanz.

› Empfehlenswert ist ein Bad in handwarmem Wasser, in dem die Tiere noch gut stehen können. Dauer: jeden 2. Tag für ca. 15 Minuten.

› UV-Bestrahlung (z.B. mit UltraVitalux, Abstand zur Lampe 1 m) fördert die Entwicklung und stärkt den Organismus. Dauer: jeden 2. Tag für 30 Minuten.

FIT UND GESUND

Mit einer artgerechten Ernährung, dem Einhalten natürlicher Ruhephasen und einer konsequenten Krankheitsvorsorge schaffen Sie die besten Bedingungen, um Ihre Agamen gesund und aktiv zu erhalten.

Futterplan und Gesundheitscheck

Auch wenn Bartagamen keine schwierigen Kostgänger sind, sollten Sie einige Fütterungsregeln beachten. In Sachen Gesundheit gilt bei den Echsen mehr noch als bei anderen Heimtieren: Je früher eine Erkrankung erkannt wird, desto erfolgreicher lässt sie sich behandeln.

Richtig füttern

› In ihrer unwirtlichen Heimat müssen sich die Bartagamen mit einem kargen Nahrungsangebot zufriedengeben und sind nicht wählerisch: Sie akzeptieren Insekten, Reptilien und kleine Säugetiere ebenso wie pflanzliche Nahrung. Es fällt daher leicht, für eine ausgewogene Ernährung und viel Abwechslung im Futterplan zu sorgen.
› Hungerperioden von mehreren Tagen sind in freier Natur keine Seltenheit. Auch im Terrarium dürfen Sie Ihre Bartagamen nicht täglich füttern. Entscheidend ist vor allem Lebendfutter: Auf der Jagd und beim Beutemachen können die Echsen ihre ererbten Verhaltensmuster zeigen und bleiben dabei gleichzeitig körperlich fit.
› Bartagamen können lange ohne Wasser überdauern, trinken jedoch bei Gelegenheit gerne oder baden sogar. Im Terrarium sollte frisches Wasser immer zur Verfügung stehen.

Krankheiten früh erkennen

› Verhaltensstörungen und Krankheitssymptome müssen immer ernst genommen werden. Ziehen Sie im Zweifelsfall umgehend einen Tierarzt mit Reptilienerfahrung zu Rate.
› Im australischen Winter halten Bartagamen eine zweimonatige Winterruhe. Auch im Terrarium wirkt sich die Ruhezeit sehr positiv auf Gesundheit und Lebensdauer der Tiere aus.

Die Grundlagen der Ernährung

Bartagamen ernähren sich vor allem von tierischer Kost wie Insekten, Spinnen, kleinen Säugern und Reptilien, zu einem geringen Anteil aber auch von Blättern, Blüten und Früchten.

Vor allem Lebendfutter

Alle *Pogona*-Arten sind Lauerjäger, die von einem erhöht liegenden Aussichtsplatz auf die Jagd gehen. Im blitzschnellen Sprint überwältigen sie alle geeigneten Beutetiere, die in ihr Gesichtsfeld kommen. Nicht selten sind das auch kleinere Artgenossen.

1 In diesen Boxen werden Heimchen und Grillen zum Kauf angeboten. Zu Hause muss man die Futtertiere zur Haltung in größere Behälter umsetzen.

2 Die Grillen werden mit einem Vitamin-Mineralpulver eingestäubt und sofort verfüttert, damit sie sich nicht putzen und das Pulver wieder abwischen.

Für Jungtiere In freier Natur ernähren sich die heranwachsenden Bartagamen fast ausschließlich von eiweißreicher tierischer Kost. Bei der Aufzucht im Terrarium stehen daher hauptsächlich Insekten auf ihrem Speiseplan. Allerdings ist es sehr wichtig, die kleinen Agamen frühzeitig auch an das pflanzliche Futter zu gewöhnen, weil sie es sonst später nicht mehr akzeptieren.

Im Alter mehr Grün In freier Natur beträgt der Anteil des Grünfutters bei jungen Tieren ca. 30 %, bei den erwachsenen bis zu 50 %. Bei der Haltung im Terrarium sollte man den heranwachsenden Bartagamen ebenfalls einen zunehmend größeren Anteil an Pflanzenkost anbieten.

Geeignete Futtertiere Heimchen, Heuschrecken, Grillen und Schaben kann man ganzjährig aus dem Zoofachgeschäft beziehen oder im einschlägigen Versandhandel bestellen. Am besten untergebracht sind sie in hohen Kunststoffterrarien mit Deckel, die bei ca. 20 °C aufbewahrt werden. Vor dem Verfüttern versorgt man die Futtertiere zwei bis drei Tage lang mit Obst, Haferflocken, Karotten und einem Fischtrockenfutter, um so den Bartagamen gleichzeitig auch Vitamine zu liefern. Ihren Flüssigkeitsbedarf decken die Futtertiere über das Obst.

Eigenzucht von Futtertieren Erfahrene Terrarianer ziehen ihre Futtertiere häufig selbst. Das ist nicht unbedingt preisgünstiger als der Kauf im Zoofachhandel, macht aber unabhängiger und man weiß, wie die Futtertiere aufgezogen wurden.

Dickmacher Mehlwürmer und Zophobas sind sehr fettreich und dürfen – wenn überhaupt – nur sparsam verfüttert werden. Halten kann man sie ganz einfach in offenen Boxen.

Pflanzliche Nahrung

Die Suche nach geeignetem Grünfutter für die Bartagamen ist nicht schwierig. Während der warmen Jahreszeit findet man auf den Wiesen und an Feldrainen eine Vielzahl von Pflanzen, die sehr gerne genommen werden, wie zum Beispiel die Blätter und Blüten des Löwenzahns, Klee, Gänseblümchen und Vogelmiere. In den Wintermonaten bietet man Salate, geschälte Paprika und Karotten an. Obst aller Art kann das ganze Jahr über verfüttert werden. Das abwechslungsreiche Angebot an Grünfutter garantiert die ausgewogene und gesunde Versorgung der Terrarienbewohner.

Keine Chemie im Futter! Vergewissern Sie sich vor dem Sammeln von Grünzeug, dass Felder und Wiesen nicht gespritzt oder anderweitig chemisch behandelt wurden, um nicht Gefahr zu laufen, Giftstoffe zu verfüttern.

Futteralternativen

Kleintiere Im Sommer stellen Wiesenbewohner eine gesunde und abwechslungsreiche Alternative dar. Auch hier gilt: nur von ungespritzen Wiesen.
Bitte beachten Zur Wiesenfauna gehören auch unter Schutz stehende wirbellose Tiere, die man nicht einsammeln darf (z. B. Schmetterlinge).
Junge Mäuse Nackte Mäuse liefern viele wichtige Nährstoffe und sind besonders für trächtige Weibchen ein hochwertiges Futter. Aus Tierschutzgründen dürfen sie nur abgetötet angeboten werden.

Vitamine und Mineralstoffe

Mit Vitamin- und Mineralstoffpräparaten kann man Mangelerscheinungen vorbeugen, wie sie bei der Haltung im Terrarium auftreten können. Eine zentrale Rolle spielen dabei Kalk und das Vitamin D3. Eine Unterversorgung mit diesen Wirkstoffen führt speziell bei den Jungtieren zu Fehlentwicklungen des Knochen- und Muskelskeletts. Alle Futtertiere werden unmittelbar vor dem Verfüttern mit den pulverförmigen Präparaten eingestäubt. Als zusätzliche Kalziumquelle kann man kleine Stücke von Sepiaschalen im Terrarium deponieren.
Im Kühlschrank Vitamine sind hitze- und lichtempfindlich und müssen kühl aufbewahrt werden.

Flüssigkeitsbedarf

Obwohl Bartagamen in extrem trockenen Lebensräumen zu Hause sind, trinken sie gerne und oft. Deshalb darf eine Schale mit frischem Wasser in keinem Terrarium fehlen. Da sich aber nicht alle

3 Besonders gelbe Blüten werden sehr gerne gefressen und ganz gezielt herausgepickt, wie etwa Löwenzahnblüten, die gleichzeitig auch sehr gesund sind.

4 Ein gemischter Salatteller ist eine willkommene Abwechslung und ein sehr vitaminreiches Futterangebot, das bei den Agamen viel Zuspruch findet.

Tiere an die Trinkschale gewöhnen lassen, sprüht man die Einrichtung des Terrariums täglich mit einer Blumenspritze leicht ein, damit die Bewohner die Wassertröpfchen ablecken können. Vermeiden Sie dabei aber unbedingt zu viel Nässe. In einem auf Dauer feuchten Terrarium besteht für die Tiere erhöhte Infektionsgefahr.

Badelust Manche Bartagamen finden Gefallen daran, im warmen Wasser zu baden. Dazu die Schale nur so hoch füllen, dass die Echsen darin stehen können. Ideale Wassertemperatur: 30 °C.

Fütterungsregeln

Wie oft füttern? Die Jungtiere werden täglich gefüttert, zu zwei Dritteln mit tierischer Kost. Vorher alle Futtertiere mit einem Vitamin-Mineralgemisch einstäuben. Erwachsene Agamen erhalten tierische und pflanzliche Nahrung im Wechsel; jeder dritte Tag ist ein Fastentag.

Wann füttern? Der frühe Vormittag ist die beste Fütterungszeit: Jetzt haben sich die Tiere genügend aufgewärmt, um zum Beuteerfolg zu kommen und ihnen bleibt noch der ganze Tag für die Jagd und zum Verdauen der Futtertiere.

Fütterungsfehler vermeiden

SPARSAM FÜTTERN Erwachsene Agamen eher knapp füttern. Sonst werden sie dick und träge.

VORSICHT FLEISCH! Schweine- und Rindfleisch ist tabu. Es wird schlecht verdaut und macht krank.

GIFT IM GRÜNZEUG Pflanzen, die man nicht genau kennt, können giftig sein: weder verfüttern noch zur Einrichtung des Terrariums verwenden.

Fitmacher Heuschrecken, Heimchen und ähnlich bewegungsfreudige Futtertiere, die selbst für die schnell reagierenden Bartagamen nicht leicht zu fangen sind. Sie sorgen für viel Abwechslung und halten die Terrarienbewohner fit.

Spezialkost

Vitamine für Kranke Kranke und geschwächte Bartagamen müssen täglich gefüttert werden. Am besten in einem gesonderten Becken, wo man gut beobachten kann, ob sie ihre Nahrung auch aufnehmen. Um wieder auf die Beine zu kommen, brauchen sie vitaminreiche Kost, oft zusätzlich angereichert mit Vitamintropfen. Halten Sie dabei aber stets die Dosierungsempfehlungen ein: Übermäßige Versorgung kann genauso gefährlich sein wie Vitaminmangel.

Kalorien für werdende Mütter Die Entwicklung der Eier zehrt an den Kräften eines trächtigen Weibchens. Um seinen außerordentlich hohen Nahrungsbedarf zu befriedigen, muss es täglich mit kalorien- und vitaminreicher Kost gefüttert werden. Im Abstand von vier bis fünf Tagen kann man ihm eine tote, nackte Maus anbieten. Kleine Stückchen einer Sepiaschale liefern das nötige Kalzium.

Nach der Eiablage Das Legen der Eier fordert dem Bartagamenweibchen die letzten Reserven ab und schwächt seinen Organismus erheblich. Damit das Muttertier möglichst schnell wieder zu Kräften kommt, behält man die tägliche Fütterung mit kalorienreicher Nahrung noch für einige Zeit bei.

Die Bartagamen-Art *Pogona mitchelli* ist nur selten in einem Terrarium zu finden. Die sehr schönen, jedoch einzelgängerischen Tiere verhalten sich untereinander gelegentlich aggressiv.

Regelmäßige Pflegemaßnahmen

Mit regelmäßiger Pflege halten Sie Ihre Agamen gesund und fit. Bartagamen sind relativ anspruchslose Tiere, die nur wenig Pflege brauchen. Desto wichtiger ist es, die notwendigen Pflegemaßnahmen sorgfältig durchzuführen.

Hinterlassenschaften entfernen

Bartagamen sind große Tiere mit regem Stoffwechsel und produzieren viel Kot, was man auch riecht. Die Ausscheidungen bestehen aus dunklem Kot und dem hellen, ebenfalls festen Urin. Zur Entsorgung benutzt man eine spezielle Kotschaufel oder einen Kunststofflöffel. Da die Tiere immer wieder über ihre Kothaufen laufen und sie dabei überall verteilen, verschmutzen sie und auch das Terrarium relativ schnell. Regelmäßiges Baden ist daher unumgänglich. Der Bodengrund im Terrarium sollte ein- bis zweimal jährlich komplett erneuert werden. Über den richtigen Zeitpunkt lässt Sie eine Geruchsprobe nicht im Unklaren.

> Auch während der Häutung baden manche Agamen gern in warmem Wasser. Das Bad erleichtert scheinbar den Häutungsvorgang und wird offenbar als entspannend empfunden.

Bartagamen baden gern

Obwohl die Bartagamen aus einem wasserarmen Lebensraum stammen, nehmen sie gerne ein Bad. Diesen Komfort sollte man ihnen regelmäßig gönnen. Darüber hinaus lassen sich nur so die meist schon angetrockneten Verschmutzungen durch die Ausscheidungen entfernen. Als Badebecken eignet sich ein kleines Kunststoffterrarium, zur Not tut es aber auch das Handwaschbecken. Bei den jungen Agamen müssen Sie unbedingt darauf achten, dass der Wasserstand nicht zu hoch ist. Können die Tiere nicht mehr stehen, geraten sie häufig in Panik. Die Jungtiere sollten anfangs einzeln gebadet werden. Erst später, wenn sie sich an die Prozedur gewöhnt haben, dürfen sie alle zusammen ins Wasser. Beaufsichtigen muss man sie allerdings auch jetzt noch: Selbst in nicht allzu tiefem Wasser kann es sonst passieren, dass eine Agame ertrinkt, wenn eine andere auf sie klettert. Eine Wassertemperatur von ca. 30 °C empfinden Bartagamen offensichtlich als ausgesprochen angenehm. Bei dieser Temperatur kann man sie dann auch 10 bis 15 Minuten im Badebecken lassen.

Einstäuben der Futtertiere

Vor der Fütterung kommen die lebenden Futtertiere in eine Plastikbox oder eine leere Heimchen-Dose. Dann gibt man etwas Vitamin-Mineralstoffpulver dazu, schließt den Deckel und schüttelt die Dose vorsichtig so lange, bis alle Tiere gut mit Pulver bedeckt sind. Unmittelbar danach müssen sie verfüttert werden. Damit vermeidet man, dass sie sich putzen und vom Pulver befreien können. Verwenden Sie bei jeder Fütterung frisches Pulver. Älteres Pulver haftet nicht mehr und die empfindlichen Vitamine verlieren oft schon nach 24 Stunden an Wirksamkeit.

Die wichtigsten **Fütterungsregeln**

TIPPS VOM AGAMEN-EXPERTEN Manfred Au

ALLES AUF EINMAL Geben Sie Heimchen und andere lebende Futtertiere immer auf einmal ins Terrarium. Zum einen bekommen dann auch die schwächeren Bartagamen etwas ab, zum anderen üben die in alle Richtungen flüchtenden Futtertiere einen besonders großen Reiz aus.

ALLEIN ESSEN Wenn unterlegene Bartagamen beim Fressen zu kurz kommen, muss man sie separat füttern.

FLEISCH IST TABU Fleisch hat zu wenige Ballaststoffe und darf nicht verfüttert werden. Das gilt auch für Rinderherz.

VITAMINE Die Qualität der Futtertiere aus dem Handel ist sehr unterschiedlich. Deshalb müssen sie vor dem Verfüttern drei bis vier Tage lang mit vitaminreicher Nahrung verköstigt werden.

MÄUSE Einem trächtigen Weibchen darf man ab und zu auch eine tote Maus anbieten.

LEBENDFUTTER Achten Sie auf einwandfreie Futtertiere. Tiere aus schlechter Zucht können ansteckende Krankheiten übertragen.

Winterruhe

In ihrem ursprünglichen Lebensraum halten alle *Pogona*-Arten während der kühleren Jahreszeit eine Winterruhe. In Australien fällt sie in die Zeit von Mai bis August. Die Tages- und Nachttemperaturen sind jetzt niedriger und das Nahrungsangebot wird knapp. Die Bartagamen verschlafen diese Monate in einem Unterschlupf. Sämtliche Körperfunktionen laufen auf Sparflamme, der Energieverbrauch ist eingeschränkt und obwohl die Tiere keine Nahrung zu sich nehmen, verlieren sie kaum an Gewicht. Ausgelöst wird die Winterruhe von niedrigeren Temperaturen und abnehmender Tageslänge.

Winterruhe im Terrarium

Der Rhythmus der sich jährlich wiederholenden Winterruhe ist im Verhalten der Bartagamen fest verankert. Alle Bartagamen, die bei uns gehalten werden, sind Terrarien-Nachzuchten, da schon seit mehreren Jahrzehnten in Australien ein striktes Ausfuhrverbot für alle Wildtiere besteht. Trotzdem ziehen sich die Tiere auch in unserem Winter an einen ruhigen Platz zurück, selbst dann wenn Temperatur und Beleuchtungsdauer in ihrem Terrarium nicht verändert werden.

Brauchen Agamen Ruhezeit?

In der inaktiven Phase während der Wintermonate erholt sich der Körper der Bartagamen und lädt gleichsam seine Batterien wieder auf. Die Winterpause sorgt somit dafür, dass die Tiere länger fit bleiben und in der Regel auch länger leben. Zusätzlich synchronisiert sie die Fortpflanzungsaktivitäten von Männchen und Weibchen, wobei durch die steigenden Temperaturen nach der Winterruhe das Paarungsverhalten ausgelöst wird.

Vorbereitungen

Im November oder Anfang Dezember beziehungsweise spätestens dann, wenn die Bartagamen erkennbar ruhiger und inaktiver werden, sollte der Halter die notwendigen Vorbereitungen treffen und die Winterruhe einleiten:

Beim Baden müssen die Agamen im Becken noch sicher stehen können, sonst geraten sie schnell in Panik.

1 VOR DER WINTERRUHE Diese *Pogona vitticeps* macht einen rundum gesunden Eindruck und wird die Ruhezeit unbeschadet überstehen.

2 WACH BLEIBEN Jungtiere bis zum Alter von zwölf Monaten sollten keine Winterruhe halten, weil sie noch nicht genügend körperliche Reserven besitzen.

3 REISEBOX Transportieren kann man die Echsen im Kunststoffterrarium, das dann in eine lichtundurchlässige Styroporbox gestellt wird.

Temperatur und Licht Senken Sie die Terrarientemperatur über einen Zeitraum von drei Wochen kontinuierlich auf ca. 18 °C ab. Parallel dazu wird die tägliche Beleuchtungsdauer auf acht bis sieben Stunden reduziert. Später kann das Licht ganz ausgeschaltet werden. Bei zu hohen Temperaturen erwachen die Bartagamen aus der Ruhephase. Das ist ein Zeichen dafür, dass ihr Stoffwechsel zu aktiv ist und zu viel Energie verbraucht wird. Unter diesen Bedingungen magern die Tiere ab.
Dauer Die Winterruhe sollte zwei, besser jedoch drei Monate dauern.
Ruheplätze Die Bartagamen suchen selbstständig nach Ruheplätzen, die ihnen geeignet erscheinen. Das sind Höhlen und andere Unterschlupfmöglichkeiten, manchmal aber auch nur dicke Äste. Liegt die Temperatur im Terrarienzimmer zu hoch, sollte man seine Agamen in einen kühleren Raum bringen. Hier reicht ihnen dann ein kleineres Domizil.
Frühjahrserwachen Im Frühjahr verfährt man umgekehrt und gleicht Beleuchtungsdauer und Temperatur über drei Wochen stufenweise wieder den normalen Werten an.

Ruhezeit ist Fastenzeit

Während ihrer Winterruhe muss der Magen der Bartagamen vollkommen leer sein. Daher reduziert man gleichzeitig mit dem Herunterfahren der Temperatur auch die Futtermenge. Eine Woche vor Beginn der eigentlichen Winterruhe wird dann gar nicht mehr gefüttert. Nahrungsreste, die im Magen verbleiben, könnten bei niedrigen Temperaturen nicht mehr verdaut werden und würden die Echsen schädigen. Trinkwasser muss auch während der Ruhezeit immer erreichbar sein.

Keine Winterruhe

› Sehr junge Bartagamen müssen von der Winterruhe ausgenommen werden, da ihr Körper noch nicht über genügend Reserven verfügt, von denen er zehren könnte. Auch alle Tiere, die noch jünger als ein Jahr sind, können ohne Ruhezeit gehalten werden, sie wachsen dann schneller.
› Kranke oder verletzte Agamen dürfen nicht in Winterruhe geschickt werden, da sie diese Phase nicht verkraften würden. Eine Kotuntersuchung im Herbst informiert über möglichen Parasitenbefall.

So bleiben Ihre Tiere gesund

Bartagamen sind ausgesprochen robuste Tiere. Die artgerechte Haltung erfüllt die Ansprüche der Tiere an das Klima im Terrarium, an Beleuchtung und gesunde Ernährung. Stimmen diese Lebensbedingungen, werden Agamen nur selten krank.

Wohlfühlklima

Bartagamen sind wechselwarme (poikilotherme) Tiere. Sie können die Temperatur ihres Körpers nicht unabhängig regulieren. Daher entspricht die Körpertemperatur weitgehend der Temperatur der Umgebung.

Wärme bedeutet Leben Bei niedrigen Außentemperaturen sind die Körperfunktionen der Echsen stark herabgesetzt, bei genug Wärme läuft ihr Organismus auf Hochtouren. Nur dann sind die Tiere reaktionsschnell genug, um mit Erfolg zu jagen und nur dann arbeitet ihr Verdauungssystem richtig. Auch das Immunsystem ist temperaturabhängig.

Bartagamen, die über längere Zeit in einem zu kühlen Terrarium leben müssen, haben nicht genügend Abwehrkräfte, kümmern bald und werden krank. Vorzugstemperaturbereich: 28–33 °C.

Lieber trocken Bartagamen kommen aus einem trockenen Lebensraum mit geringer Keimbelastung. Zu hohe Luftfeuchtigkeit schadet ihrer Gesundheit, da hier Krankheitserreger gut gedeihen. Optimale Luftfeuchtigkeit: am Tag 40 %, nachts 50–60 %.

Frischluft Eine gute Belüftung des Beckens ist sehr wichtig. Bei stickiger Luft bleiben die Tiere im Wachstum zurück.

Gesundheitsschlaf Die Winterruhe (→ Seite 52) ist unverzichtbar. Sie stärkt den Organismus, verlängert die Lebenszeit und bringt die Echsen in Paarungsstimmung.

UV-Licht macht fit

Mehr Licht Als Wüsten- und Steppenbewohner fühlen sich die Agamen nur in hell beleuchteten Terrarien wohl. Auch der Erfolg bei der Jagd ist von der Helligkeit abhängig.

UV für die Fitness Bartagamen können UV-Licht wahrnehmen. Die UV-Bestrahlung im Terrarium fördert das Wohlbefinden und nur mit UV-B-Licht ist die Synthese von Vitamin D3 möglich.

Sonnenbäder Während der Sommermonate sollten Sie Ihren Agamen regelmäßig im Freien einen Platz an der Sonne anbieten. Eine künstliche UV-Quelle kann das Sonnenlicht nicht ersetzen.

Viele Bartagamen lieben ein ausgiebiges Bad. Der Wasserstand darf nicht zu hoch sein.

Krankheiten vorbeugen

› Ausgewogen ernähren. Eine vielseitiges Futterangebot mit pflanzlicher und tierischer Kost beugt Mangelerscheinungen vor.
› Stress vermeiden. Die Größe des Terrariums muss der Besatzdichte angepasst werden und möglichst viele Versteckmöglichkeiten bieten. Alle Bewohner sollten etwa gleich groß sein.
› Auf Hygiene achten. Trinkwasser täglich erneuern, die Trinkschale alle vier Wochen desinfizieren. Kot sofort entfernen, den Bodengrund ein- bis zweimal pro Jahr austauschen. Für jedes Terrarium eigene Futterpinzetten und Kotlöffel verwenden.
› Vorsorge. Vor der Winterruhe Kot auf Parasitenbefall untersuchen. Schon vor dem Kauf einen Tierarzt mit Reptilienerfahrung ausfindig machen.

1 TRINKSITTEN Obwohl Bartagamen aus Trockengebieten stammen, muss ihnen immer frisches und sauberes Wasser zur Verfügung stehen. Sie trinken gern und viel. Nicht alle Tiere lernen aus einem Trinkgefäß zu trinken. Viele lecken Wassertropfen ab, die vorher versprüht wurden oder können von Hand getränkt werden. Die Wasserschale wird auch gerne zum Baden benutzt.

2 SCHLANKE LINIE Bei zu reichlicher Fütterung legen die Bartagamen sehr schnell an Gewicht zu. Mit zwei Fastentagen in der Woche und viel vegetarischem Futter (Verhältnis pflanzlicher zu tierischer Kost ca. 1:1) bleiben die Echsen schlank und gesund. Abwechslungsreiche Fütterung ist die Grundlage einer ausgewogenen Ernährung.

3 INDIVIDUELL FÜTTERN Rangniedrige Tiere kommen beim Fressen häufig zu kurz. Sie sollten dann einzeln mit der Pinzette gefüttert werden. Die Handfütterung per Pinzette ist auch beim Verfüttern von Schaben vorteilhaft, damit diese Futtertiere nicht unkontrolliert im Terrarium herumlaufen. Lassen Sie die Agamen nicht in die Pinzette beißen, da das ihren Zähnen schadet.

Wenn Bartagamen krank werden

Die häufigsten Krankheitsursachen bei Bartagamen sind Vitamin- und Mineralstoffmangel, Stress und unzureichende Haltungsbedingungen.

Knochenerkrankungen

Stoffwechselbedingte Erkrankungen des Knochenskeletts der Bartagamen werden durch mangelhafte Versorgung mit Vitamin D3 und ein ungünstiges Kalk-Phospor-Verhältnis verursacht. Der Anteil des Kalks muss über dem des Phosphors liegen (2:1 oder 3:1), was auf das Futter wild lebender Agamen auch zutrifft. Im Terrarium sieht das anders aus, da die Futtertiere aus dem Handel mehr Phosphor als Kalk enthalten. Vor allem heranwachsende Agamen erkranken relativ häufig an Rachitis, die das ganze Knochenskelett, besonders Wirbelsäule, Kiefer und Schwanz in Mitleidenschaft zieht. Die Knochen sind zum Teil erheblich deformiert, was zu starken Behinderungen führt. Der Zustand ist irreparabel.

Vorbeugemaßnahmen Vorbeugen kann man stoffwechselbedingten Knochenerkrankungen mit einem guten Vitamin-Mineralpulver (z. B. Korvimin ZVT Reptil), abwechslungsreicher Ernährung und regelmäßiger UV-Bestrahlung. Bereits erkrankte Tiere müssen vom Tierarzt behandelt werden.

Häutungsprobleme

Schwierigkeiten bei der Häutung können als Folge einer Unterversorgung mit Vitaminen, einer allgemeinen Schwächung, zum Beispiel nach Krankheit, oder zu kalter und trockener Haltung auftreten. Die Tiere häuten sich nur teilweise oder gar nicht. Unter der alten Haut kann es zu Entzündungen kommen oder sie trocknet ein, schrumpft zusammen und schnürt Zehen oder Schwanzspitze so stark ab, dass sie absterben. Ein mehrstündiger Aufenthalt in einem sehr feuchten Terrarium weicht die alte Haut auf. Dann lässt sie sich mit der Pinzette gut abziehen. Wenden Sie dabei aber nie Gewalt an.

Vorbeugemaßnahmen Temperatur, Luftfeuchtigkeit und die Ernährung müssen den Bedürfnissen der Echsen angepasst sein.

Legenot

Legenot entsteht, wenn das trächtige Weibchen seine Eier nicht ablegen kann. Auslöser können ein ungeeigneter Ablageplatz, Stress im Umgang mit den Artgenossen, Kalziummangel oder eine durch andere Krankheiten verursachte Schwächung sein.

Diese *P. vitticeps* ist gesundheitlich nicht fit und deshalb in der Häutung stecken geblieben.

Häufige **Krankheiten und Verletzungen**

NAME	BESCHREIBUNG UND THERAPIE	NAME	BESCHREIBUNG UND THERAPIE
BRÜCHE	durch Verletzungen und Bisse. Behandlung ist Sache des Tierarztes. Brüche heilen bei Reptilien schnell.	GICHT	zu geringe Wasseraufnahme. Harnsalze lagern sich in Gelenken und Nieren ab. Vorbeugen: viel trinken.
BISSE	Desinfizieren der Wunde, Unterbringung auf einer sauberer Unterlage im Quarantänebecken. Bei infizierten Wunden zum Tierarzt.	MUNDFÄULE	Bakterieninfektion nach Verletzung im Kieferbereich, Entzündung und Schwellung, in der Folge Geschwürbildung. Knochengewebe wird zerstört. Rechtzeitiges Erkennen ist wichtig, Therapie durch den Tierarzt. Vorbeugen: Stärken der Abwehrkräfte durch artgerechte Haltung und richtige Ernährung.
VERBRENNUNG	durch Strahler und Heizung. Kleine Verbrennungen mit Brandsalbe behandeln, bei größeren zum Tierarzt.		
FETTLEBER	übermäßige einseitige Ernährung mit Insekten. Vorbeugen: mit einer ausgewogenen Ernährung und zwei Fastentagen pro Woche für erwachsene Tiere.	HAUTPILZE	bei zu feuchter Haltung krustige Verdickungen besonders an den Füßen. Diagnose durch Tierarzt, Behandlung mit Antimykotikum. Vorbeugen: Haltung optimieren, Vitamin A verabreichen.
KNOCHENERKRANKUNG	Vitamin-D3-Mangel und falsche Kalzium-Phosphor-Versorgung führen bei Jungtieren zu Rachitis, bei Adulten zu Osteomalazie. Vorbeugen: Vitamin-Mineralstoff-Präparat, ausgewogene Ernährung, UV-Licht.	ENDOPARASITEN	Endoparasiten sind u. a. Würmer und Einzeller. Symptome: Abmagern, blutiger, schleimiger Kot, Apathie, blasse Farbe. Ansteckend, oft rascher Verlauf mit Todesfolge. Diagnose des Tierarztes anhand von Blutabstrich oder Kotprobe. Wiederholte Behandlung nötig und Desinfektion des Terrariums. Einige Parasiten sind für Menschen ansteckend.
HÄUTUNGSPROBLEME	Haltung zu trocken oder zu kalt, schlechter Allgemeinzustand oder Vitaminmangel. Vorbeugen: Klima im Terrarium verbessern, ausgewogen ernähren.		
EKTOPARASITEN	Befall der Haut durch Milben und Zecken an Augen, Ohren, in Achselhöhlen und Kloakenregion. Parasiten sind mit bloßem Auge zu erkennen. Mit Pinzette oder einem vom Tierarzt empfohlenen Insektizid entfernen, Terrarium desinfizieren.	LUNGENENTZÜNDUNG	Folge zu kalter und feuchter Haltung. Schaum in Mundhöhle, Ausfluss aus Mund und Nasenhöhle. Therapie durch Tierarzt. Vorbeugen: Haltungsbedingungen verbessern.

Der Tierarzt muss spätestens dann aufgesucht werden, wenn der Ablagetermin deutlich überschritten ist oder das Weibchen zunehmend unruhiger wird und an vielen Stellen im Terrarium zu graben beginnt. Mit Kalzium und einem Wehenhormon versucht er die Ablage einzuleiten. Bleibt das erfolglos, müssen die Eier mit einem Kaiserschnitt geholt werden. Unbehandelt führt Legenot nicht selten zum Tod. Auch wenn das Weibchen nicht überlebt, können die Eier oft noch gerettet werden.

Bissverletzungen

Zu Bissverletzungen kommt es hauptsächlich bei jungen Agamen, die in der Gruppe großgezogen werden. Gefährdet sind die Beine und vor allem die Schwanzspitze. Verantwortlich für die Verletzungen ist der Jagdinstinkt der unerfahrenen Tiere, die in dieser Lebensphase nach allem beißen, was sich bewegt, wobei sich schlängelnde Schwanzspitzen einen besonders großen Reiz darstellen. Jungtiere mit lädierten Schwänzen sind keine Seltenheit. Beeinträchtigt werden die Bartagamen dadurch kaum, aber schön sieht es nicht aus. Wurde das Schwanzstück glatt abgebissen, verheilt die Wunde schnell. Vorsorglich behandelt man sie mit einem Wunddesinfektionsmittel und setzt das verletzte Tier für einige Tage in einem Quarantänebecken auf Zeitungspapier statt auf Bodengrund. Bei späteren Häutungen muss kontrolliert werden, ob keine Hautreste zurückbleiben. In die Hand des Tierarztes gehört die Agame, wenn der Schwanz nur teilweise durchgebissen oder zerdrückt wurde oder eventuell sogar zu faulen beginnt.

Vorbeugemaßnahmen Verhindern lassen sich Bissverletzungen, indem man die Jungtiere nur in kleinen Gruppen hält und reichlich füttert. Es sollten stets einige Futtertiere im Terrarium sein.

Eine wild lebende Gewöhnliche Bartagame nimmt in ihrer australischen Heimat ein Sonnenbad und überblickt vom erhöhten Sitzplatz ihr Revier.

Das ist **Sache des Tierarztes**

OPERATION Operationen und ähnliche Eingriffe an Bartagamen darf nur der Tierarzt vornehmen. Er stellt die Diagnose und führt eine möglichst schmerzfreie Behandlung durch.

EINSCHLÄFERN Das Tierschutzgesetz verbietet das Einschläfern todkranker Reptilien im Tiefkühlfach, da es für die Tiere sehr schmerzhaft ist. Nur der Tierarzt darf eine Agame einschläfern.

ERFAHRUNG Erkundigen Sie sich schon vor dem Kauf Ihrer Bartagamen nach einem Tierarzt, der Erfahrung in der Behandlung von Reptilien hat. Geeignete Tierärzte in Ihrer Nähe finden Sie auf der Homepage der DGHT (→ Adressen, Seite 62) unter www.dght.de

Kontrolle auf Parasiten

Eine Kotprobe bringt Aufschluss darüber, ob eine Agame von Parasiten befallen ist. Vor allem vor der Winterruhe ist die Untersuchung wichtig.

Probe nehmen

Auch Bartagamen sind nicht vor Endoparasiten gefeit. Die im Wirtskörper lebenden Schmarotzer können viele Krankheiten verursachen. Die meisten verlaufen leicht, aber es gibt auch ernste und tödliche Krankheitsprozesse. Am häufigsten befallen wird der Verdauungstrakt.

› Viele Parasiten oder ihre Eier werden mit dem Kot ausgeschieden und lassen sich so nachweisen.
› Sammeln Sie möglichst frischen Kot ein, am besten von einer sauberen Unterlage wie Papier.
› Für Transport oder Versand eignen sich z. B. Urindosen (Apotheke). Bei heißem Wetter verhindern einige Tropfen Wasser, dass die Proben eintrocknen. Für jede Kotprobe eine Dose nehmen. Die Dosen werden beschriftet, das Begleitschreiben informiert über Tierart und Krankheitssymptome.

Befund

Kotanalysen nehmen die tiermedizinischen Hochschulen, private Labore, Veterinäruntersuchungsämter und Tierärzte vor. Oft erhält man mit dem Ergebnis auch einen Behandlungsvorschlag. Eine einzelne Probe ohne Befund gibt keine absolute Sicherheit, da die Parasiten nicht ständig ausgeschieden werden. Auch tote Tiere sollten im Interesse der Gesundheit der anderen Terrarienbewohner untersucht werden. Neben der Todesursache listet das Untersuchungsergebnis in der Regel auch Befunde über Haltungsfehler wie Überfütterung oder zu trockene Unterbringung auf. Der Körper eines toten Tieres muss innerhalb von 24 Stunden in gekühltem, aber nicht gefrorenem Zustand an das Untersuchungslabor verschickt werden.

Selbst einer hitzeresistenten Bartagame kann es im Freigehege einmal zu heiß werden. Ein Schattenplatz ist daher notwendig und sehr willkommen.

REGISTER

Die **halbfett** gesetzen Seitenzahlen verweisen auf Abbildungen, U = Umschlag, UK = Umschlagklappe.

A

Abdeckung 25
Abschreckung 6
Abwehrdrohen **6**, **7**, **9**, **10**, **16**
Anpassungsfähigkeit 5, 6
»Ärmchendrehen« **40**, 41, UK vorn
Arten
 –, Beschreibung 14–17, **14–17**
 –, Verbreitung 6, 14–17
Aufzucht 19, 42, 43, **43**, 46, 48
Aufzuchtbecken 19, 21, **29**, 43
Augen 11, UK hinten
Ausscheidungen 50

B

Baden 43, **50**, 51, **52**, 54
Bart **6**, 7, 8, 10
Beinbruch UK hinten
Beleuchtung 25, **26**, 38, 39, 53, 54
Belüftung 20, 24, 39
Besatzdichte 19, 32, 37, 55
Bewegungsweise 11
Bissverletzungen 57, 58
Bodengrund 22, 24, 43, 50
Bodenheizung 27, **27**
Bruchverletzungen 57
Brutbox 42
Brutsubstrat 42

D

Demutsgeste 41, UK vorn
Dimmer 28
Duftprobe UK vorn

E

Echsen 7
Eier
 –, Ablegen 7, 42, **43**, 48, UK vorn
 –, Ausbrüten 42

Eingewöhnung 35
Einrichtung 19, 22–25, 35
Einschläfern 58
Eizahn 43
Ektoparasiten 57
Endoparasiten 55, 57, 59
Ernährung 7, 8, **12**, 13, 19, 31, 37, 38, 43–48, 53, 55, **55**, UK hinten
 –, Spezialkost 48
 –, trächtiger Weibchen 41, 48, UK hinten

F

Färbung 7, 9, 11, 15–17
Fastentage 45, 53, 55
Feinde 8, 37
Femoralporen 42, **42**
Fertigterrarium 21
Fettspeicher 7
Flüssigkeitsbedarf 13, 45, 47, **50**, 53, 55, **55**
Frischluft 20, 54
Futtertiere 13, 19, 31, 46, **46**, 51
 –, Einstäuben **46**, 51
Fütterung s.a. Ernährung
 –, Fehler 48, 51
 –, Regeln 48
 –, Tipps 51
 –, Zeiten 48

G

Gendefekte 40
Geschlechtsunterschiede 40
Gewöhnliche Bartagame **1**, **3**, **4**, 5, 8, 9, 12, 14, 15, **15**, 17, **17**, **18**, 30, 31, 32, **32**, 39, 44, 47, 53, U vorn u. hinten, UK vorn
Graben 11, 27, 42, **43**, UK vorn
Grundausstattung 22, **22**

H

Haltung 15–17, 30, 36, 37
 –, als Gruppe 36, 37
 –, artgerechte 33, 39

 –, einzeln 32, 36, 39, UK hinten
 –, mit anderen Arten 37
 –, Temperatur 19, 54
Haltungskosten 13, 31, 34
Handfütterung 37, **55**
Haut 16, UK hinten
Hautpilze 57
Häutung 7, 56, **56**, UK hinten
Heizmatten 27
Hörvermögen 10

J

Jagdverhalten 19, 35
Jungtiere **2**, **18**, 19, **33**, 34, **36**, 41, 43, **43**, 44, 46, 50, U2, U hinten

K

Kampfverhalten 9, 11
Kauf 30, 32, 34, 39
Kaufrecht 34
Kehlbart 6, 7, 8, 10
Kinder und Bartagamen 39
Kletterast **4**, 24
Klima im Terrarium 19, 38, 39, 53, 54, UK vorn
Knochenerkrankungen 56
Körpergröße 12, 15–17
Körpersprache 9
Kotprobe 34, 55, 59
Krallen 11, 24
 – schneiden UK hinten
Krankheiten 45, 56, **56**, 57, 58
 –, stoffwechselbedingte 56
 –, Symptome 34, 45, UK hinten
 –, vorbeugen 55

L

Lawsons Bartagame 5, 13, 14, 15, **15**, 31, 32, 41, 44, 47
Lebensalter 13, UK hinten
Lebensraum 6, 7, 8
Legenot 56, UK vorn
Leuchtstoffröhren 26, **27**
Luftfeuchtigkeit 19, 38, 42

M

Maul 10
Mäuse 47, 51
Metalldampflampen 26
Mineralstoffe 41, **46**, 47, 51
Mitchells Bartagame 10, 14, 16, **16**, 21, 49

N

Namensgebung 8
Nullarbor Bartagame 14, 16, **16**

O

Operationen 58
Östliche Bartagame 14, 16, **16**
Ovovivparie 7

P

Paarung 8, 41
Parasiten 55, 59
Parietalauge 11
Pflanzen fürs Terrarium 23
Pflanzliches Futter 7, 8, 46, 47, **47**, 48, 55
Pflege 50
Pogona 6, 8, 13, 14, 19, 46, 52
Pogona barbata 14, 16, **16**
Pogona henrylawsoni 5, 13, 14, 15, **15**, 31, 32, **38**, 41, 44, 47
Pogona minor 14, 17, **17**
Pogona minor minima 14, 17
Pogona minor minor 14
Pogona mitchelli 10, 14, 16, **16**, 21, 49
Pogona nullarbor 14, 16, **16**
Pogona vitticeps **1**, **2**, **3**, **4**, **5**, 8, 9, 12, 14, 15, **15**, 17, **17**, **18**, 30, 31, 32, **32**, 44, 47, 53, U vorn, UK vorn, U hinten
Poikilothermie 7, 9, 54

Q

Quarantäne 21, 29, **29**, 31, 38
Quecksilberdampflampen 26

R

Reinigung des Terrariums 31
Reptilien 6, 7
Revier 8, 9

S

Schlüpfen der Jungtiere 43, **43**
Schuppenkleid 7, 8
Schuppenkriechtiere 7
Schwanz 7, 10
Sichtschutz 23, 35
Sonnenbaden 3, 9, 35, 54, **58**, **59**, UK vorn
Sparlampen 27, **27**
Spotstrahler 27
Stacheln 8, 11
Standort 21
Stress vermeiden 55

T

Tarnkleid 7
Technik 26–28
Temperaturausgleich 6, 9, 11
Terrarienvereine 62
Terrarium
 –, Abdeckung 25
 –, aus Glas 21
 –, aus Holz 21
 –, Beleuchtung 25, 26, 38, 39
 –, Belüftung 20, 24, 39
 –, Bepflanzung 23
 –, Bodengrund 22, 24
 –, Bodenheizung 27
 –, Einrichtung 19, 22–25, 35
 –, Etagenbau 23, 24
 –, Fertigmodell 21
 –, Glasscheibe 25
 –, Größe 13, 19, 31
 –, Klima 38, 39, 54
 –, Luftfeuchtigkeit 19, 38, 42
 –, Reinigung 31
 –, Rückwand 24
 –, Selbstbau 21
 –, Sichtschutz 23, 35
 –, Standort 21
 –, Technik 26–28
Thermometer 25, 28
Thermostat 28
Tierarzt 33, 58
Tierschutzgesetz 58
Trächtigkeit 41, 42, UK vorn
Transport 13, 29, **29**, 53, **53**, 59
Trinken 45, 47, **50**, 53, 55, **55**
Trommelfell 10

U

Urlaubsbetreuung 13, 28, 31, 38
UV-Bestrahlung 6, **22**, 26, **38**, 43, 54

V

Vergesellschaften 37
Verhalten 8, 9, 19, 35, 37, **UK vorn**
Verhaltensänderungen 35
Verhaltensanomalien 39, 45
Verständigung 9
Vertrauen gewinnen 37
Vitamine 41, 43, **47**, 47, 51

W

Wärmestrahler 25, 27, **27**
Wechselwarme Tiere 7, 9, 54
Winken **40**, UK vorn
Winterruhe 38, 40, 45, 52, 54, UK hinten

Z

Zähne 10
Zeitschaltuhr 28
Züchten 19, 21, 29, 32, 40–43
Züchter 33, 34
Zungenbeinapparat 8, 10
Zutraulichkeit 5
Zwergbartagame 14, 17, **17**

SERVICE

Die Inhalte dieses Buches beziehen sich auf die Bestimmungen des deutschen Tier- bzw. Artenschutzes. In anderen Ländern können die Angaben abweichend sein. Erkundigen Sie sich daher im Zweifelsfall bei Ihrem Zoofachhändler oder bei der entsprechenden Behörde.

Verbände/Vereine

› Deutsche Gesellschaft für Herpetologie und Terrarienkunde e.V. (DGHT), Geschäftsstelle: Postfach 120433, 68055 Mannheim, www.dght.de
E-Mail: gs@dght.de
› Verband Deutscher Vereine für Aquarien- und Terrarienkunde e.V. (VDA), Steinbühlleite 12, 95234 Sparneck, www.vda-aktuell.de

Wichtiger Hinweis

› Krankheiten Einige Reptilienkrankheiten sind für Menschen ansteckend. Nach dem Umgang mit den Tieren und Arbeiten am Terrarium gut die Hände waschen.

› Gesundheitscheck Lassen Sie die Gesundheit Ihrer Tiere regelmäßig kontrollieren, am besten direkt vor der Winterruhe.

› Elektrogeräte Der Umgang mit elektrischen Geräten und Leitungen stellt immer ein Risiko dar. Alle Geräte müssen ein TÜV-Prüfzeichen besitzen. Defekte Geräte umgehend austauschen.

› Bundesverband für fachgerechten Natur-, Tier- und Artenschutz e.V. (BNA), Ostendstraße 4, 76707 Hambrücken, www.bna-ev.de
E-Mail: gs@bna-ev.de
› Österreichischer Verband für Vivaristik und Ökologie (ÖVVÖ), Präsident: Dipl.-Ing. Andreas Schramm, Anton-Krieger-Gasse 80/A7, A-1230 Wien, www.oevvoe.org

Bartagamen im Internet

› www.bartagame.forumkostenlos.at
1. und größtes Bartagamen-Forum Österreichs
› www.herp-science.de/ag/agamen/index.html
Arbeitsgemeinschaft Agamen in der DGHT (AG-Agamen)

Fragen zur Terraristik

beantworten Ihr Zoofachhändler und der Zentralverband Zoologischer Fachbetriebe Deutschlands e.V. (ZZF), www.zzf.de, Online-Portal des ZZF: www.my-pet.org, Tel. 0611/44 75 53 32
Mo 12–16 Uhr, Do 8–12 Uhr)

Bücher

› Bruse, F., Meyer, M., Schmidt, F.: Praxisratgeber Futtertiere. Chimaira Verlag, Frankfurt
› Friedrich, U., Volland, W.: Futtertierzucht. Ulmer Verlag, Stuttgart
› Hauschild, A., Bosch, H.: Bartagamen und Kragenechsen, Natur- und Tier-Verlag, Münster
› Köhler, G.: Inkubation von Reptilieneiern. Herpeton Verlag, Offenbach
› Köhler, G., Grießhammer, K., Schuster, N.: Bartagamen. Herpeton Verlag, Offenbach
› Sauer, K., Steck, B., Schuchart, H., Horn, H. G.: Vivarienbeleuchtung. Chimaira Verlag, Frankfurt
› Wilms, T.: Terrarieneinrichtung. Natur- und Tier-Verlag, Münster

Zeitschriften

› Draco. Natur- und Tier-Verlag, Münster, www.ms-verlag.de
› Reptilia. Natur- und Tier-Verlag, Münster, www.ms-verlag.de
› Salamandra und elaphe. Zeitschriften für Herpetologie und Terrarienkunde. Herausgegeben von der DGHT (→ Adressen)
› SAURIA. Terraristik & Herpetologie. Terrariengemeinschaft Berlin e.V., www.sauria.de

Dank

Verlag, Autor und Fotografin danken **Michaela und Friedhelm Steffen,** Fressnapf Warburg, **Frank Hose,** Zoohaus-Süd, Kassel, **Das Chamäleonhaus,** Mühlheim am Main, und **Richard Thornton**, Paderborn.

Die werden Sie auch lieben.

ISBN 978-3-8338-4846-9

ISBN 978-3-8338-4148-4

ISBN 978-3-8338-0594-3

ISBN 978-3-8338-3801-9

ISBN 978-3-8338-4847-6

ISBN 978-3-8338-3639-8

 Auch als eBook erhältlich.

Mehr von GU auf **www.gu.de** und
facebook.com/gu.verlag

IMPRESSUM

Der Autor

Manfred Au ist seit 30 Jahren Terrarianer. 1983 züchtete er als einer der ersten in Deutschland regelmäßig die Bartagamenart *Pogona vitticeps*, in den folgenden Jahren auch *P. henrylawsoni*, *P. barbata* und *P. mitchelli*. Heute gilt sein Interesse vor allem den Geckos und Chamäleons.

Die Fotografen

Christine Steimer ist für internationale Verlage, Fachzeitschriften und Werbeagenturen tätig.

David Fischer beschäftigt sich seit vielen Jahren mit der Feldherpetologie und ist bekannt für seine eindrucksvollen Tier- und Naturfotos.

Bildnachweis

Alle Fotos in diesem Buch stammen von Christine Steimer mit Ausnahme von:
animals digital: U4-3; **Arco Images:** U5-2; **Ardea:** U6-1, U8-1; **Manfred Au:** 1, 18, 22, 30, 35, 38, 39, 50, U3-1, U4-1, U5-1, U6-3, U8-2; **Auscape:** 16-2; **Biosphoto:** 2, 3, U2; **David Fischer:** 6, 8, 9, 16-1, 17-1, 58; **FLPA:** 4; **Shutterstock:** U7; **Frank Teigler:** Cover, 44; **Tierfotoagentur:** U6-2;
Zeichnung S. 14: **Claus Landes.**

Syndication:
www.jalag-syndication.de

© 2016 GRÄFE UND UNZER VERLAG GmbH, München
Aktualisierte Neuausgabe von Bartagmen, GRÄFE UND UNZER VERLAG GmbH, 2008,
ISBN 978-3-8338-1164-7
Alle Rechte vorbehalten. Nachdruck, auch auszugsweise, sowie Verbreitung durch Film, Funk, Fernsehen und Internet, durch fotomechanische Wiedergabe, Tonträger und Datenverarbeitungssysteme jeglicher Art nur mit schriftlicher Genehmigung des Verlages.

Projektleitung: Adriane Andreas, Anita Zellner
Lektorat: Gerd Ludwig
Bildredaktion: Natascha Klebl, Adriane Andreas, Petra Ender (Cover)
Umschlaggestaltung und Layout: independent Medien-Design, Horst Moser, München
Herstellung: Elisabeth Märtz, Regina Spangler
Satz und Repro: Longo AG, Bozen
Druck und Bindung: Schreckhase, Spangenberg

Printed in Germany
ISBN 978-3-8338-5218-3
1. Auflage 2016

 www.facebook.com/gu.verlag

Liebe Leserin, lieber Leser,
haben wir Ihre Erwartungen erfüllt? Sind Sie mit diesem Buch zufrieden? Haben Sie weitere Fragen zu diesem Thema? Wir freuen uns auf Ihre Rückmeldung, auf Lob, Kritik und Anregungen, damit wir für Sie immer besser werden können.

GRÄFE UND UNZER Verlag
Leserservice
Postfach 86 03 13
81630 München
E-Mail:
leserservice@graefe-und-unzer.de

Telefon: 00800 / 72 37 33 33*
Telefax: 00800 / 50 12 05 44*
Mo–Do: 9.00 – 17.00 Uhr
Fr: 9.00 – 16.00 Uhr
(* gebührenfrei in D, A, CH)

Ihr GRÄFE UND UNZER Verlag
Der erste Ratgeberverlag – seit 1722.

Umwelthinweis

Dieses Buch ist auf PEFC-zertifiziertem Papier aus nachhaltiger Waldwirtschaft gedruckt.

Ein Unternehmen der
GANSKE VERLAGSGRUPPE